U0176096

太子河辽阳城区段常见浮游生物图谱及生态现状

魏洪祥 于 翔 王兴兵 等 编著

海洋出版社

2023 年·北京

图书在版编目（CIP）数据

太子河辽阳城区段常见浮游生物图谱及生态现状 /
魏洪祥等编著. — 北京：海洋出版社，2023.4
　ISBN 978-7-5210-1111-1

　I.①太… 　Ⅱ.①魏… 　Ⅲ.①浮游生物–辽阳–图谱
Ⅳ.①Q179.1–64

中国国家版本馆CIP数据核字（2023）第069688号

责任编辑：高朝君
责任印制：安　淼
海洋出版社　出版发行

http://www.oceanpress.com.cn
北京市海淀区大慧寺路8号　邮编：100081
鸿博昊天科技有限公司印刷
2023年4月第1版　2023年4月北京第1次印刷
开本：880mm×1230mm　1/16　印张：5.5
字数：138千字　定价：68.00元
发行部：010-62100090　总编室：010-62100034
海洋版图书印、装错误可随时退换

前　言

几十年来，生态环境尤其是河流生态环境越来越受到人们的关注，更是很多生态工作者密切关注的焦点。随着社会经济的发展、城镇化的推进、工农业的影响、土地的开发利用、矿产资源的开发，河流生态环境健康日益严峻，生境退化，生物多样性丧失，生态平衡被破坏，人们的生活质量受到严重影响。

太子河是辽宁省重要的工业和经济区域，流域面积较广，流经乡镇多达 18 个，为辽宁省带来很大的社会、经济、文化价值，同时生态环境也遭到了不同程度的破坏，特别是太子河流域中下游地区重工业钢铁、煤炭、石油、天然气等产业集中，加剧了太子河流域生态环境的破坏、生态系统稳定性的降低、生物多样性的丧失。

浮游植物作为水生态系统的生产者，能够产生氧气，消耗二氧化碳，并且因其具有个体较小、细胞结构简单、生命周期短、对所处的环境变化极为敏感等特点，国内外普遍采用浮游植物群落的结构特征对水质状况进行分析和评价。浮游动物通过摄食浮游植物来调节水体生态平衡，同时又为其他高营养级生物提供活饵料。它们共同作为水生态的重要组成部分，对水生态环境起着至关重要的作用。

对辽阳市民工作和生活关系最为密切的太子河辽阳城区段的水生态环境的调查未见详尽报道。本书作为辽阳市科技计划项目"太子河辽阳城区段浮游生物生态特征及富营养化预警机制研究"的科研成果，对该段水域的浮游生物组成、水体理化指标及水生生态现状做了详尽的研究，旨在为今后该水域的生态环境保护及生物多样性修复工作提供理论依据。同时，该书内容丰富，图文并茂，希望能为广大从事水产养殖、水生态学研究、生态环境保护等方面工作的科研人员及行政管理人员提供帮助。

在本书的编撰过程中，魏洪祥负责全书的撰写，于翔、王兴兵负责调查工作的组织和协调，王晓光、张涛、蒋湘辉、寇凌霄、刘勇等参与水样的采集及水质相关指标的检测。

由于水平有限，书中定有失误和欠妥之处，敬请读者不吝指正。

目 录

第一章 概　述

第一节　太子河流域概况

一、自然概况

太子河古称衍水、大梁河、梁水，因战国时燕国太子丹逃亡于此，故名太子河，是大辽河的主要支流。太子河流域（40°29′—41°39′ N，122°26′—124°53′ E）位于辽宁省东部地区，发源于辽宁省新宾县境内的长白山脉。源头分为南北两支，南支的源头位于本溪县东营坊乡羊湖沟草帽顶子山麓，北支的源头位于新宾满族自治县平顶山镇鸿雁沟，两条支流在本溪县马家崴子汇合，经本溪县、本溪市区，到灯塔市鸡冠山乡瓦子峪村进入辽阳市境。由鸡冠山南行至孤家子，逶迤西下，经安平、西大窑、沙浒、小屯、望水台、沙岭、黄泥洼、柳壕、穆家、唐马寨等 18 个乡镇，至唐马寨出境，经海城三岔河入辽河，由营口入渤海。太子河主要有细河、沙河、小汤河、五道河、卧龙河、兰河等支流，全长 413 km，流域面积为 1.39×10^4 km²。

太子河流域属温带季风气候区，年内温度相差较大，最高气温在 7—8 月，最低气温在 1—2 月，年均气温为 6.2 ℃。该流域雨量充沛，年降水量范围在 655~954 mm，年均降水量为 778.1 mm，降雨多集中在 6—9 月，占全年降雨的 71.2%，湿度在 70% 左右。年蒸发量为 734~1 018 mm，由东南向西北呈现出不断增大的变化特征。上游离黄海较近，降雨量较大，汛期内上游洪涝灾害较为严重，因此上游属于富水区，而中游与下游区域分别为低山丘陵与平原区，降水量较少且人口较为密集。多年平均天然径流量为 4.496×10^9 m³。

二、社会经济概况

自古以来，太子河都是北方人民繁衍生息的区域，具有很高的水产、水利、水资源价值。太子河流域可分为源头水域、渔业用水区、农业用水区、工业用水区和饮用水源保护区。太子河干流、支流以及水库天然的水源条件，不仅带来了丰富的水产养殖条件和水产品，而且为两岸农业提供了丰富的灌溉资源，促进水田水稻以及旱田玉米、大豆、蔬菜种植和畜牧业的发展。太子河流经本溪、辽阳和鞍山等主要工业城市。因此，该流域是我国东北地区的经济核心，社会经济发展迅速，工业化程度较高。太子河流域作为辽宁省经济社会与科学技术发展的核心地带，在辽宁省总体发展战略中其生产总值、耕地面积与人口等均占据着重要地位。另外，太子河上游作为水库大坝、水电站等水利工程建设的重要基地，河流生态环境受水利开发建设的影响较为明显。随着经济的发展，太子河流域对水资源的需求逐步增加，流域内的人类活动和众多的工业、企业形成的污染

太子河辽阳城区段常见浮游生物图谱及生态现状

对太子河流域水生生物群落造成了严重的影响。在工农业快速发展的压力下，河流生态系统健康严重受损，大量营养盐随河流入海，诱发了近海海域水体富营养化。同时，农业和畜牧业的发展也造成了太子河流域水体富营养化、水土流失严重、生境多样性降低、底质改变等一系列问题。因此，太子河流域社会经济发展如何与河流生态保护结合起来是我们面临的一个重要课题。

三、生态概况

基于自然特征和河道物理形态特征，太子河流域划分为三个二级生态功能区：上游地区（观音阁水库以上）为山地区，海拔相对较高，受到的人为活动影响较小，主要以森林用地为主，森林覆盖率高达50%以上；中游地区（观音阁水库至葠窝水库段）为丘陵区，占全流域面积的6.1%；下游地区（葠窝水库以下）为平原区，占全流域面积的24.9%。中游、下游土地开发程度较高，城镇化以及工业化影响较大，水质恶化相对严重。近年来，流域生态系统受人为活动与气候变化的影响程度不断增大，流域输水量逐年降低，下游河道经常出现断流现象，水环境质量呈现逐年恶化的发展趋势。

第二节 调查概况

一、调查时间

本次调查研究时间为2021年1—12月，每个月进行1次采样调查活动。由于1月水面结冰，没有采到样品，因此一共采集到11个批次的样品。具体调查时间为2021年1月19日、2月22日、3月25日、4月15日、5月21日、6月24日、7月25日、8月23日、9月21日、10月23日、11月23日、12月20日。

二、站位设置

根据《淡水浮游生物调查技术规范》（SCT 9402—2010），本次调查在太子河辽阳城区段共设置5个采样站位（图1-1），从上游至下游分别为前沙坨子（41°14′20.68″ N，123°18′14.02″ E）、西沙坨子（41°14′36.19″ N，123°14′35.41″ E）、中华大桥（41°16′14.82″ N，123°12′36.30″ E）、肖夹河（41°18′39.98″ N，123°13′4.88″ E）、下王家（41°20′22.23″ N，123°9′19.39″ E）。

三、调查及检测方法

调查及检测方法参照以下标准进行：《淡水浮游生物调查技术规范》《水库渔业资源调查规范》《水和废水监测分析方法（第四版）》《中国淡水藻类——系统、分类及生态》《中国淡水生物图谱》和《淡水浮游生物研究方法》。

现场检测pH（氢离子浓度指数）使用雷磁PHBJ-260便携式pH计；现场溶解氧的检测使用哈希HQ30d便携式多参数测定仪；实验室内氨氮、总氮、总磷和高锰酸钾指数等参数的检测使用陆恒LH-T725多参数水质分析仪；浮游动物的采集使用25号浮游生物网。水样采集、指标检测、监测工具及设备见图1-2至图1-5。

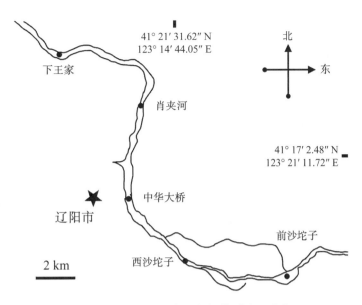

图 1-1 太子河辽阳城区段各监测站位分布

图 1-2 水样采集

图 1-3 现场水质指标检测

第二章　太子河辽阳城区段常见浮游生物

第一节　浮游植物

一、蓝藻门（Cyanophyta）

蓝藻（blue-green algae）是最原始、最古老的一种原核生物藻类，其结构简单，无典型的细胞核，又称蓝细菌。但蓝藻不同于其他细菌，可以进行光合作用并释放出氧气。

大多数蓝藻都以群体或丝状体形式存在，少数种类以单细胞形式生活。群体外常具有一定厚度的胶质。蓝藻细胞形态简单，无鞭毛，无色素体和真正的细胞核等细胞器。原生质分为外部色素区和内部无色中央区，无色中央区仅含有相当于细胞核的物质，无核膜及核仁。色素区含有叶绿素 a、两种特殊的叶黄素和大量藻胆素（藻蓝素及藻红素）。藻蓝素和藻红素的含量比例随光照等环境因子的不同而变化。因此，蓝藻常常呈现蓝绿色或淡紫蓝色。细胞壁由氨基糖和氨基酸组成，单细胞种类分三层，丝状类群分四层。同化产物以蓝藻淀粉为主，还含有藻蓝素颗粒体。

蓝藻的繁殖通常为细胞分裂。一些单细胞或群体种类还形成内生孢子或外生孢子。许多丝状体种类的营养细胞发生分化，形成异形胞，异形胞比营养细胞大，细胞壁厚，内含物少，是丝状蓝藻类（除了颤藻目以外）产生的一种与繁殖有关的特别类型的细胞。具有异形胞的蓝藻能固氮，当水中氮缺乏时，异形胞的数目显著增加。

蓝藻在自然界分布很广，到处可见，主要在淡水中生长。许多蓝藻是典型的浮游种类，夏、秋季时大量繁殖可形成水华，被认为是水体富营养化的重要标志。蓝藻适温范围广，喜欢较高的温度、强光、高 pH、静水和肥水，喜低氮高磷。有的蓝藻可作为水质的指示生物。

1. 束缚色球藻（*Chroococcus tenax*）

【分类地位】蓝藻门—蓝藻纲—色球藻目—色球藻科—色球藻属。

【形态特征】以群体形式存在。群体由 2~4 个细胞组成，少数由 8~16 个细胞组成。胶被无色，厚且坚固，分为 3~4 层。细胞多被挤压成半球形。原生质体为橄榄绿色或黄绿色，具有稀疏的颗粒。

【标本采集地】下王家采样站位。

【繁殖方式】细胞分裂，具 3 个分裂面。

【生态特征】生长于潮湿岩石、静水水体或溪流中，对水体适应性广，一般不形成优势种。本次调查中，仅 7 月在下王家采样站

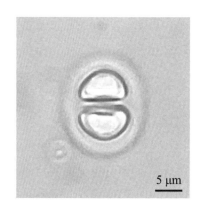

束缚色球藻

位形成丰度很低的浮游种群。

2. 史氏棒胶藻（*Rhabdogloea smithii*）

【分类地位】蓝藻门—蓝藻纲—色球藻目—色球藻科—棒胶藻属。

【形态特征】细胞细长，两端狭长，具多种形态，通常以螺旋状出现。胶被无色透明，质地均匀。原生质体均匀。

【标本采集地】前沙坨子采样站位。

【繁殖方式】细胞分裂为与纵轴垂直的横裂。

【生态特征】极常见种类，可生长于潮湿土壤、岩石、墙壁表面，自由漂浮于静水水体，微盐水中也能生长。本次调查中，在4—6月、8—11月均形成一定丰度的浮游种群。

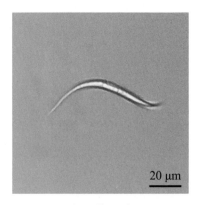

20 μm

史氏棒胶藻

3. 弯头尖头藻（*Raphidiopsis curvata*）

【分类地位】蓝藻门—蓝藻纲—段殖藻目—胶须藻科—尖头藻属。

【形态特征】藻丝自由漂浮或少数成束，呈"S"形或螺旋形弯曲，少数直。细胞圆柱形，横壁处不收缢。具伪空泡。藻丝中部具椭圆形孢子。

【标本采集地】西沙坨子采样站位。

【生态特征】喜生长于静水水体。本次调查中，仅10月在西沙坨子采样站位形成丰度很低的浮游种群。

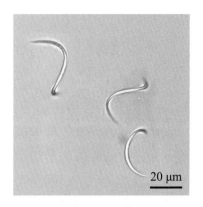

20 μm

弯头尖头藻

4. 依沙束丝藻（*Aphanizomenon issatschenkoi*）

【分类地位】蓝藻门—蓝藻纲—段殖藻目—念珠藻科—束丝藻属。

【形态特征】以单列细胞组成的不分枝丝状体形式存在。无胶鞘，藻丝一般单独存在。藻丝末端细胞延长成为细针状。具伪空泡。异形胞近圆柱形。孢子为长圆柱形，远离异形胞。

【标本采集地】中华大桥采样站位。

【生态特征】极常见种类，营底栖及浮游生活，喜生长于低光照、低氮、低碳的静水水体中。本次调查中，仅7月在中华大桥采样站位形成一定丰度的浮游种群。

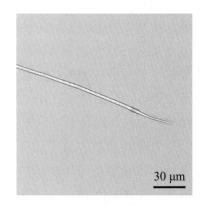

30 μm

依沙束丝藻

5. 类颤藻鱼腥藻（*Anabaena osicellariordes*）

【分类地位】蓝藻门—蓝藻纲—段殖藻目—念珠藻科—鱼腥藻属。

【形态特征】以群体形式存在。群体为单一串珠状丝状体，丝状体直且不分枝。细胞近球形，末端细胞为圆形。异形胞为球形或卵形，两侧生有孢子。孢子初为卵形后为圆柱形，外壁光滑。

【标本采集地】下王家采样站位。

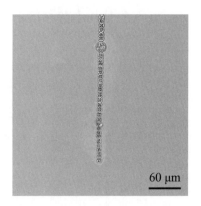

60 μm

类颤藻鱼腥藻

【生态特征】淡水普生性种类，喜生于静水水体中。本次调查中，仅8月在下王家采样站位形成丰度很低的浮游种群。

6. 泥污颤藻（*Oscillatoria limosa*）

【分类地位】蓝藻门—蓝藻纲—段殖藻目—颤藻科—颤藻属。

【形态特征】以群体形式存在。群体为多个短柱形细胞组成的不分枝藻丝。藻丝直，能颤动。末端细胞为扁圆形，细胞宽度显著大于长度。

【样品采集地】西沙坨子采样站位。

【繁殖方式】以形成藻殖段方式繁殖。

【生态特征】分布广泛，藻体可颤动，营底栖及浮游生活，喜生长于静水水体。本次调查中，常见于西沙坨子采样站位且形成一定丰度的浮游种群。

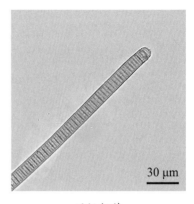

泥污颤藻

【污染指示】*α*ms—*β*ms（ps表示多污带，*α*ms表示*α*中污带，*β*ms表示*β*中污带，os表示寡污带，以下同）。

二、隐藻门（Cryptophyta）

隐藻绝大多数种类为单细胞，具鞭毛，能运动。大部分种类不具细胞壁，细胞外有一层周质体。喜生长于较肥水体中，一年四季都可形成水华。

隐藻不具有纤维素组成的细胞壁，而是在细胞表面有一层周质体，有的种类周质体为具一定形态的板片。具鞭毛的种类多为椭圆形或卵形，前端较宽，钝圆或斜向平截，显著纵扁，背侧略凸，腹侧平直或略凹入，具向后延伸的纵沟。有的种类具自前端向后延伸的口沟，纵沟或口沟两侧具多个刺细胞。多数种类具2条不等长但相差不大的鞭毛，能运动，自腹侧前端伸出，或生于侧面。多数隐藻具1个或2个叶状色素体，光合色素除含有叶绿素a、叶绿素c外，还含有藻胆素。色素体多为黄绿色或黄褐色，少数为蓝绿色、绿色或红色。

隐藻的大多数种类生殖方式为细胞纵分裂。不具鞭毛的种类会产生游动孢子，有些种类会产生具厚壁的休眠孢子。

隐藻门植物种类不多，但分布很广，海水和淡水均有分布。大部分隐藻喜生长于有机质和氮丰富的水体中，对温度和光照有极强的适应性，一年四季均可形成优势种，即使冬季冰下环境，仍然可产生很大丰度。隐藻在海洋浮游生物群落中占有一定地位，也是我国传统高产肥水鱼塘中极为常见的鞭毛藻类，在白鲢高产池中往往会出现水华，是水肥、水活、水好的标志。

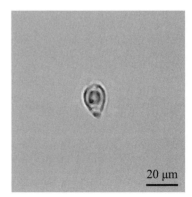

尖尾蓝隐藻

1. 尖尾蓝隐藻（*Cryptomonas acuta*）

【分类地位】隐藻门—隐藻纲—隐鞭藻目—隐鞭藻科—蓝隐藻属。

【形态特征】以单细胞形式存在。细胞为纺锤形，前端宽，斜向后渐狭，后端尖细，纵沟很短，具1个色素体。2条鞭毛与细胞近等长。细胞中部背侧具1个蛋白核。细胞下半部具1个细胞核。

【标本采集地】肖夹河采样站位。

【繁殖方式】细胞纵分裂。

【生态特征】喜生长于有机质丰富的浅水区及静水水体中。本次调查中，常出现在水温较低的月份，并在所有监测站位形成一定丰度的浮游种群。

【污染指示】βms。

2. 啮蚀隐藻（*Cryptomonas erosa*）

【分类地位】隐藻门—隐藻纲—隐鞭藻目—隐鞭藻科—隐藻属。

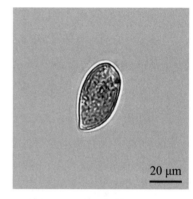
20 μm

啮蚀隐藻

【形态特征】以单细胞形式存在。细胞为倒卵形或近椭圆形，前端背角突出略呈圆锥形，顶部钝圆，纵沟有时很不明显，但通常比较深，后端一般逐渐狭窄，末端狭钝圆形，背部明显凸起，腹部通常平直，极少数略凹入。口沟只达细胞中部，很少达后部。刺细胞位于口沟两侧。2条鞭毛自口沟伸出，长度约等于细胞长度。色素体2个，位于细胞两侧。贮藏物质为淀粉粒，呈卵形、多角形、双凹形或盘形等。

【标本采集地】下王家采样站位。

【繁殖方式】细胞纵分裂。分裂时细胞停止运动，分泌胶质。细胞核先于原生质体分裂。原生质体自口沟处开始分裂为两半。

【生态特征】极常见淡水种类，分布极广，喜生活于有机质丰富的静态温水（15~25 ℃）水体中。本次调查中，在所有采样站位均形成一定丰度的浮游种群。

【污染指示】αms—βms，硫化氢污染。

3. 卵形隐藻（*Cryptomonas ovata*）

【分类地位】隐藻门—隐藻纲—隐鞭藻目—隐鞭藻科—隐藻属。

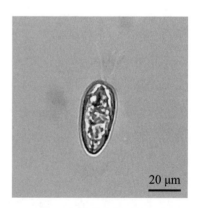
20 μm

卵形隐藻

【形态特征】以单细胞形式存在。细胞为椭圆形或长圆形，多数略扁平且弯曲，前端明显的斜截，顶端呈角状或宽圆，大多数为斜的凸状，后端为宽圆形，具2个色素体。纵沟、口沟明显。口沟达到细胞的中部，有时近于细胞腹侧，直或甚明显地弯向腹侧。细胞前端近口沟处常具2个卵形的反光体。2条鞭毛几乎等长，多数略短于细胞长度。

【标本采集地】肖夹河采样站位。

【繁殖方式】细胞纵分裂，分裂时细胞停止运动，分泌胶质。核先分裂，原生质体自口沟处分成两半。

【生态特征】极常见种类，分布极广，营自由游动生活，最适 pH 为 5~7，喜生长于有机质丰富的静水中，常在鱼塘中形成水华，是本次调查中常见优势种。

【污染指示】αms—βms。

三、甲藻门（Pyrrophyta）

甲藻门大部分种类为单细胞，极少为丝状体或由单细胞连接而成各种群体。甲藻细胞壁是由许多板片嵌合而成的壳，多数具 2 条顶生或腰生的鞭毛，可以运动，因此也称双鞭藻。甲藻大多数为海产种类，是海洋生态系统中极为重要的组成部分。

甲藻细胞呈球形、卵形、针形和多角形等，有背腹之分。背腹扁平或左右侧扁。甲藻细胞具细胞壁或裸露，外有周质。细胞壁薄或厚且坚硬，前后端有的具有角状突起，由许多板片嵌合而成，称为壳。板片的数目、形状和排列方式是分类的重要依据。纵裂甲藻类细胞壁由左右 2 片组成，无纵沟或横沟。横裂甲藻类壳壁由许多的小板组成。板片有时具角、刺或乳头状突起。板片表面常具圆孔纹或窝孔纹。大部分甲藻具横沟和纵沟各 1 条，具 2 条鞭毛。一条鞭毛顶生或从横沟和纵沟交叉处的鞭毛孔伸出，波浪带状，环绕在横沟中，为横鞭。另一条为纵鞭，线状，通过纵沟向后伸出。甲藻具多个色素体，圆盘状、棒状，常分散在细胞表层。进行光合作用色素体有叶绿素 a 和叶绿素 c_2、β- 胡萝卜素、几种叶黄素和多甲藻素，无叶绿素 b。纵裂甲藻的色素体少，常呈片状。横裂甲藻的色素体小而多，常呈盘状。也有异养的种类，如夜光藻则无色素体。有的甲藻种类具蛋白核、眼点、1 个大且明显的细胞核，储藏物质为淀粉和油。少数种类具刺细胞。

甲藻最普遍的繁殖方式为细胞分裂。有的种类可以产生动孢子、似亲孢子或不动孢子。有性生殖只在少数种类中出现，为同配式。在自然界特别是在海洋沉积物和地层中常发小孢囊，它们有的是休眠合子，有的则不清楚。

甲藻门种类分布十分广泛，海水、淡水中均有发现，大多数为海产种类，但有些种类在淡水中也可以形成水华。海水种类是海洋浮游生物的重要类群，在海洋生态系统中占有重要地位，常在海水中形成赤潮，造成当地鱼、虾、贝类等水生动物大量死亡。有些种类虽对鱼类、贝类不造成致命的影响，但毒素可在它们体内积累，如果人类或其他脊椎动物食用了这些有毒生物就会发生中毒、死亡。少数种类在鱼类、桡足类及其他无脊椎动物体内寄生。不少甲藻具有发光能力。另外，甲藻是间核生物，是原核生物向真核生物进化的中介型，对于它们的形成、分类的研究可为生物进化理论提供新的依据。

1. 钟形裸甲藻（*Gymnodinium mitratum*）

【分类地位】甲藻门—甲藻纲—多甲藻目—裸甲藻科—裸甲藻属。

【形态特征】以单细胞形式存在。细胞为椭圆形，略扁平，上锥部半球体，下锥部为等于或略小于上锥部的半球体，眼点小，无色素体。横沟位于近细胞中部。纵沟位于下锥部，较深。

【标本采集地】中华大桥采样站位。

【繁殖方式】细胞纵分裂。

【生态特征】喜生长于富营养型水体。本次调查中，仅 3 月在中华大桥采样站位形成一定丰度的浮游种群。

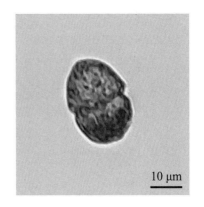

10 μm

钟形裸甲藻

2. 坎宁顿多甲藻（*Peridinium cunningtonii*）

【分类地位】甲藻门—甲藻纲—多甲藻目—多甲藻科—多甲藻属。

【形态特征】以单细胞形式存在。细胞近卵形，背腹明显扁平，具顶孔。上锥部为明显大于下锥部的圆锥形。横沟左旋。纵沟起于上锥部，向下逐渐加宽，未达到下壳末端。色素体黄褐色。

【标本采集地】中华大桥采样站位。

【繁殖方式】细胞斜向纵分裂。

【生态特征】喜生长于中营养型静水水体。

【污染指示】os。

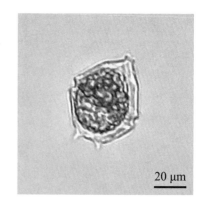

20 μm

坎宁顿多甲藻

3. 佩纳多甲藻（*Peridinium penardiforme*）

【分类地位】甲藻门—甲藻纲—多甲藻目—多甲藻科—多甲藻属。

【形态特征】以单细胞形式存在。细胞近球形，背腹明显扁平，具顶孔，具或无色素体。上锥部圆锥形，下锥部半球形。上、下锥部近等大。横沟近环形，略左旋。纵沟宽，略深入上锥部，向下至下锥部末端。细胞核圆形，位于细胞中部。

【标本采集地】下王家采样站位。

【繁殖方式】细胞斜向纵分裂。

【生态特征】喜生长于中营养型静水水体。本次调查中，仅9月在下王家采样站位形成一定丰度的浮游种群。

【污染指示】os。

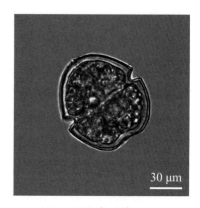

30 μm

佩纳多甲藻

4. 角甲藻（*Ceratium hirundinella*）

【分类地位】甲藻门—甲藻纲—多甲藻目—角甲藻科—角甲藻属。

【形态特征】以单细胞形式存在。细胞背腹显著扁平。顶角狭长，平直而尖，具顶孔。底角2~3个，呈放射状，末端多数尖锐、平直或呈各种形式的弯曲。有些类型其角或多或少地向腹侧弯曲。横沟几乎呈环状，极少呈左旋或右旋。纵沟部伸入上壳，较宽，几乎达到下壳末端。壳面具粗大的窝孔纹。孔纹间具有或长或短的刺。色素体为多数，圆盘状周生，呈黄色或暗褐色。

【标本采集地】前沙坨子采样站位。

【繁殖方式】细胞纵分裂。

【生态特征】极常见种类，广泛分布于各类型水体中，为典型的沿岸表层型种类。本次调查中，于5—9月形成一定丰度的浮游种群。

【污染指示】os。

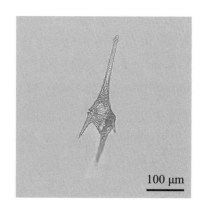

100 μm

角甲藻

四、金藻门（Chrysophyta）

金藻门植物体为单细胞或群体，或分枝丝状体。多数种类为裸露运动的单细胞或群体。因为细胞中胡萝卜素和岩藻黄素含量较多，细胞常呈金黄色、黄褐色等颜色。喜生长于水温较低、有机质含量较少的水体中。

金藻群体种类细胞以放射状排列呈球形或卵球形，有的具透明的胶被。不运动的种类为变形虫状、胶群体状、叶状体形、球形、椭圆形、卵形或梨形。运动的种类细胞裸露或在表质覆盖许多硅质鳞片、小刺或囊壳，前端具1条或2条等长或不等长的鞭毛，前部或中部具1个或不具眼点，中央具数个液泡，1个细胞核；不能运动的种类具以果胶质为主的细胞壁，具1~2个伸缩泡，无色或具有色素体。色素体周生，弯曲片状或带状，1~2个。叶绿素a、叶绿素c、β-胡萝卜素和叶黄素是金藻进行光合作用的主要色素。此外，金藻还含有副色素，总称为金藻素。金藻有裸露的蛋白核或无，没有同化产物包被在其表面。当水体中有机质特别丰富时，副色素减少，使藻体呈现绿色。光合作用产物为金藻昆布糖、金藻多糖和脂肪。

繁殖方式包括营养繁殖、无性生殖和有性生殖3种方式。营养繁殖是单细胞的繁殖方式，常为细胞纵分裂成2个子细胞。群体种类以群体断裂成2个或多个段片，每个段片最终形成1个新群体。无性生殖是指不能运动的种类产生单鞭毛或双鞭毛的动孢子。很多种类形成静孢子。有些种类会进行有性生殖，有丝分裂为开放式，合子萌发产生新个体。

金藻大多数为淡水种类，喜欢生长在透明度大、温度较低、有机质含量少的清水中，可作为清洁水体的指示生物。金藻对水温的变化较敏感，常在寒冷季节生长旺盛。有的种类在冬季甚至冰下也可以生长。浮游金藻没有细胞壁，个体微小，营养丰富，容易消化，是鱼类和其他水生动物良好的天然饵料。金藻对环境变化敏感，许多种类因对生长环境有特殊要求，被用作指示生物，监测水质变化，评价水体环境。少数种类（如小三毛金藻）大量繁殖时可引起鱼类死亡。某些金藻的大量繁殖可形成赤潮、水华，给渔业带来危害。

分歧锥囊藻（*Dinobryon divergens*）

【分类地位】金藻门—金藻纲—金藻目—棕鞭藻科—锥囊藻属。

【形态特征】浮游时常以单细胞形式存在，着生时细胞间靠囊壳紧密排列成分枝群体。细胞囊壳锥形，顶部开口略扩大，中上部呈圆筒形。后端为锥形，向一侧弯曲成45°~90°的角。侧壁为不规则波状。

【标本采集地】西沙坨子采样站位。

【繁殖方式】细胞纵分裂，也常形成休眠孢子。

【生态特征】常见淡水种类，喜生长于水温低于5 ℃的贫营养型水体中。本次调查中，仅在3月和4月形成丰度很低的浮游种群。

【污染指示】os。

50 μm

分歧锥囊藻

五、硅藻门（Bacillariophyta）

硅藻的种类繁多，分布极广，包括单细胞或群体的种类。此门藻类的显著特征除细胞形态及所含色素和其他各门藻类不同外，主要是具有高度硅质化的细胞壁。硅藻是淡水水体中出现种类最多的藻类。

硅藻植物体为单细胞，或由细胞相互连成链状、带状、丛状、放射状的群体。硅藻细胞壁除含果胶质外，还含有硅质硬壳。壳体由上、下两个半壳套合而成。上、下半壳都各有盖板和缘板，缘板部分称"壳环带"，简称"壳环"。上、下壳的壳环相互套合的部分称为"接合带"。有些种类，在接合带的两侧再产生鳞片状、带状或领状部分，称为"间生带"。硅藻细胞壳有两个基本类型：一种为中心纲的壳面，基本上是辐射对称的；另一种为羽纹纲的壳面，基本上是长形两侧对称。细胞的壳面具有各种细致的花纹。有些种类在壳的边缘有纵走的凸起，称为"龙骨"。壳面中部或偏于一侧具1条纵的无纹平滑区，称为"中轴区"。中轴区中部，横线纹很短，形成面积稍大的"中心区"。中心区中部，由于壳内壁增厚而形成"中央节"。中央节两侧，沿中轴区中部有1条纵向的裂纹，称为"壳缝"。壳缝两端的壳内壁各有一个增厚的部分，称为"极节"。有的种类没有壳缝，仅有较窄的中轴区，称为"假壳缝"。有些种类的壳缝是一条纵走的或围绕壳缘的管沟，称为"管壳缝"。硅藻的色素体中主要含有叶绿素 a、叶绿素 c、β- 胡萝卜素、岩藻黄素、硅甲黄素等而没有叶绿素 b，因此颜色呈黄绿色或黄褐色。有些种类具无淀粉鞘而裸出的蛋白核。同化产物主要是脂肪。

硅藻的繁殖方式有细胞分裂、复大孢子、小孢子和休眠孢子4种方式。细胞分裂是硅藻的主要繁殖方式。细胞核和细胞质的分裂方式和普通的植物细胞相同。当硅藻细胞进行多次分裂后，细胞体积变小，此时产生复大孢子，使细胞恢复原来的大小。小孢子常在硅藻细胞内产生，多数为2的倍数，有或无鞭毛，具色素体。休眠孢子是指当生长环境不利时，常在母细胞内形成。当环境适宜时，休眠孢子用萌发的方式再长成新个体。

硅藻种类很多，分布极广，几乎所有水体中都有硅藻的存在，是淡水水体中出现种类最多的藻类。硅藻在水中浮游或着生在其他物体上，一年四季都能形成优势种群。硅藻一般在春、秋两季大量繁殖，在条件适宜时会暴发水华。硅藻是一些水生动物，如浮游动物、贝类、鱼类等动物的主要饵料之一。在人工养殖经济生物时，常被大量培养作为养殖生物幼体时期的饵料。在水生生物生态学研究中，常被用作指示生物，用来监测水质和评价水环境。

1. 颗粒直链藻（*Melosira granulate*）

【分类地位】硅藻门—中心纲—圆筛藻目—圆筛藻科—直链藻属。

【形态特征】以链状群体形式存在。细胞圆柱形，相互间以壳面缘刺紧密连接成链状群体。群体两端细胞壳面具长刺和褶皱，其他细胞具小短刺。细胞带面具与长轴平行的粗孔纹。壳面边缘具散孔纹。假环沟狭窄，呈"V"形。环沟具狭窄的缢缩部。颈部狭长，两端的棘突起明显。

【标本采集地】中华大桥采样站位。

【繁殖方式】无性生殖产生球形复大孢子。

【生态特征】极常见普生性浮游种类，广泛分布于各类型淡水

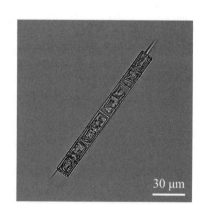

30 μm

颗粒直链藻

水体中，喜生长于中营养型流动水体中，特别在夏季大量出现，最适 pH 为 7.9~8.2。本次调查中，在 4—11 月形成一定丰度的浮游种群，是该调查水域的常见优势种。

2. 颗粒直链藻最窄变种（*Melosira granulate* var. angustissima）

【分类地位】硅藻门—中心纲—圆筛藻目—圆筛藻科—直链藻属。

【形态特征】以链状群体形式存在。该变种与种的明显区别为：本变种链状群体细且长，细胞高度明显大于直径，孔纹 10 μm 内 12~15 个。

【标本采集地】下王家采样站位。

【繁殖方式】无性生殖产生球形复大孢子。

【生态特征】极常见普生性浮游种类，广泛分布于各类型淡水水体中，喜碱性水体。pH 适应范围为 6.2~9.0。本次调查中，一年四季均形成一定丰度的浮游种群，是该水域的主要优势种。

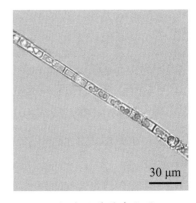

颗粒直链藻最窄变种

3. 颗粒直链藻螺旋变型（*Melosira granulate* var. *spiralis*）

【分类地位】硅藻门—中心纲—圆筛藻目—圆筛藻科—直链藻属。

【形态特征】以链状群体形式存在。该变型细胞形状与最窄变种相近，区别为链状群体弯曲形成螺旋形，孔纹 10 μm 内约 16 个。

【标本采集地】中华大桥采样站位。

【繁殖方式】无性生殖产生球形复大孢子。

【生态特征】常见普生性浮游种类，广泛分布于各类型淡水水体中。本次调查中，在 8—11 月形成一定丰度的浮游种群。

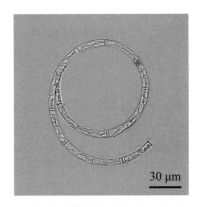

颗粒直链藻最窄变种螺旋变型

4. 变异直链藻（*Melosira varians*）

【分类地位】硅藻门—中心纲—圆筛藻目—圆筛藻科—直链藻属。

【形态特征】以链状群体形式存在。细胞圆柱形，彼此紧密连接成链状群体。壳面平，顶端无棘，边缘向下弯曲，具细齿。壳环面假环沟狭窄不明显。

【标本采集地】西沙坨子采样站位。

【繁殖方式】无性生殖产生球形复大孢子，也产生小孢子。

【生态特征】极常见偶然性浮游种类，喜生长于微碱性或碱性中富营养型水体中。pH 适应范围为 6.4~9.0，最适 pH 约为 8.5。适宜生长水温为 10~20 ℃。本次调查中，全年均形成一定丰度的浮游种群，是该调查水域的常见优势种。

【污染指示】ps—αms—βms—os。

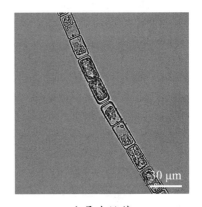

变异直链藻

5. 梅尼小环藻（*Cyclotella meneghiniana*）

【分类地位】硅藻门—中心纲—圆筛藻目—圆筛藻科—小环藻属。

【形态特征】以单细胞形式存在。细胞近鼓形。壳面波曲，边缘带具放射状并向壳面边缘逐渐增宽的楔形肋纹。肋纹 10 μm 内具 5~9 条。中心区平滑或具极细的放射状点纹。

【标本采集地】前沙坨子采样站位。

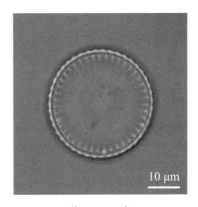

梅尼小环藻

【繁殖方式】细胞分裂，每个细胞产生 1 个复大孢子。

【生态特征】极常见种类，分布很广，为淡水或半咸水偶然性或真性浮游种类。pH 适应范围为 6.4~9.0。最适 pH 为 8.0~8.5。本次调查中，在水温较低的月份形成一定丰度的浮游种群。

【污染指示】αms—βms。

6. 链形小环藻（*Cyclotella catenata*）

【分类地位】硅藻门—中心纲—圆筛藻目—圆筛藻科—小环藻属。

【形态特征】常以壳面相连接成链状群体。细胞外形与梅尼小环藻相似。边缘带较后者窄，约为半径的 1/5。壳面边缘向中央逐渐凹陷。壳环面较后者要高。

【标本采集地】西沙坨子采样站位。

【繁殖方式】细胞分裂，每个细胞产生 1 个复大孢子。

【生态特征】极常见淡水种类，喜生长于温度偏低的各类水体中。本次调查中，几乎全年形成优势种，是该水域重要的优势种。

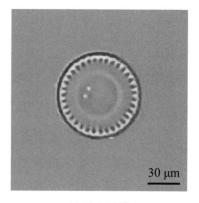

链形小环藻

7. 星肋小环藻（*Cyclotella aslerocastata*）

【分类地位】硅藻门—中心纲—圆筛藻目—圆筛藻科—小环藻属。

【形态特征】以单细胞形式存在。细胞圆盘形。壳面圆形并呈同心波曲；边缘区较狭，具辐射状排列的粗线纹；中心区具星状排列的短粗线纹；中心具 1 个单独的粗点纹。

【标本采集地】西沙坨子采样站位。

【繁殖方式】细胞分裂，每个细胞产生 1 个复大孢子。

【生态特征】淡水普生性种类，丛生或偶然性浮游，喜碱性富营养型水体。pH 适应范围为 7.5~8.0。本次调查中，仅在 7—8 月形成一定丰度的浮游种群。

【污染指示】βms。

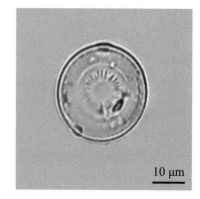

星肋小环藻

8. 普通等片藻（*Diatoma vulagare*）

【分类地位】硅藻门—羽纹纲—无壳缝目—脆杆藻科—等片藻属。

【形态特征】细胞常连成"Z"形群体。壳面线形披针形或椭圆披针形，中部略凸，逐渐向两端狭窄。两端喙状，壳面一端具 1 个唇形突。假壳缝线形，很狭窄。两侧具横肋纹，肋纹间具横线纹。带面长方形，角圆，间生带数目少。

【标本采集地】肖夹河采样站位。

【繁殖方式】每个细胞形成 1 个复大孢子。

【生态特征】常见淡水沿岸带着生种类，偶然营浮游生活，

普通等片藻

pH 适应范围为 6.4~8.3。本次调查中，大部分月份均形成一定丰度的浮游种群，尤其在 11—12 月丰度较高。

【污染指示】βms—os，油、造纸废水耐受种类。

9. 长等片藻（*Diatoma elongatum*）

【分类地位】硅藻门—羽纹纲—无壳缝目—脆杆藻科—等片藻属。

【形态特征】浮游状态时常以单细胞形式存在。壳面细线形；中部向两端略有变狭；末端呈钝圆形或略呈小头状。

【标本采集地】肖夹河采样站位。

【繁殖方式】每个细胞形成 1 个复大孢子。

【生态特征】常见淡水沿岸带着生种类，偶然营浮游生活，喜生长于流动的冷水水体中。本次调查中，在水温较低的 2—3 月及 11—12 月丰度较高，是该流域主要的优势种。

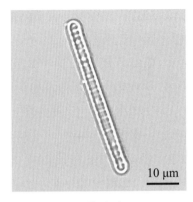

10 μm

长等片藻

10. 美丽星杆藻（*Asterionella formosa*）

【分类地位】硅藻门—羽纹纲—无壳缝目—脆杆藻科—星杆藻属。

【形态特征】一般以群体形式存在。群体内各细胞以一端相连形成放射状。个体细胞棒状，两端略膨大呈圆形。假壳缝狭。

【标本采集地】下王家采样站位。

【生态特征】极常见淡水普生性种类，分布很广，营浮游生活。5 ℃、10 ℃和 17 ℃时的最适光强分别为 2 000 lx、3 500 lx 和 5 500 lx。适宜生长水温为 10~20 ℃。本次调查中，在各采样站位均形成一定丰度的浮游种群。

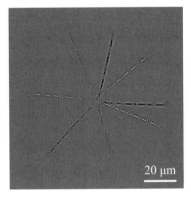

20 μm

美丽星杆藻

【污染指示】βms—os。

11. 克洛脆杆藻（*Fragilaria crotonensis*）

【分类地位】硅藻门—羽纹纲—无壳缝目—脆杆藻科—脆杆藻属。

【形态特征】细胞常以壳面相连形成长带状群体。壳面长线形，中间较粗，两端渐细，末端略膨大，钝圆形；假壳缝线形；横线纹细；中心区矩形，无线纹。

【标本采集地】前沙坨子采样站位。

【繁殖方式】每个细胞形成 1 个复大孢子。

【生态特征】常见淡水普生性种类，喜生长于具有缓慢流速的水体中。本次调查中，大部分月份都形成一定丰度的浮游种群，尤其在 5—7 月丰度较高，是该水域重要的优势种之一。

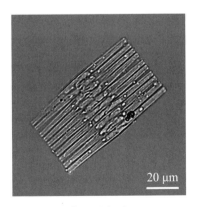

20 μm

克洛脆杆藻

【污染指示】βms—os。

12. 钝脆杆藻（*Fragilaria capucina*）

【分类地位】硅藻门—羽纹纲—无壳缝目—脆杆藻科—脆杆藻属。

【形态特征】细胞常相互连成带状群体。细胞壳面呈长线形，近两端逐渐略狭窄，末端略膨大成钝圆形；假壳缝线形；横线纹细；中心区呈无线纹矩形。

【标本采集地】中华大桥采样站位。

【繁殖方式】每个细胞形成 1 个复大孢子。

【生态特征】分布较广，生长于淡水或半咸水中，偶然性浮游种类。本次调查中，在个别月份形成一定丰度的浮游种群。

【污染指示】βms—os。

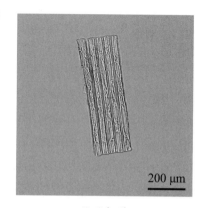

钝脆杆藻

13. 尖针杆藻（*Synedra acus*）

【分类地位】硅藻门—羽纹纲—无壳缝目—脆杆藻科—针杆藻属。

【形态特征】常以单细胞形式存在。壳面细线形或长披针形，中间宽，向两端渐变狭，末端钝圆形或近头状；中央区矩形，无花纹。假壳缝为狭窄的细线形。

【标本采集地】中华大桥采样站位。

【繁殖方式】每个细胞可产生 1~2 个复大孢子。

【生态特征】常见淡水种类，分布极广，pH 适应范围为 6.2~9.0。本次调查中，几乎全年均形成一定丰度的浮游种群，8—10 月丰度较高，是该水域最重要的优势种之一。

【污染指示】βms—os。

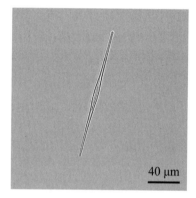

尖针杆藻

14. 尖针杆藻极狭变种（*Synedra acus* var. *angustissima*）

【分类地位】硅藻门—羽纹纲—无壳缝目—脆杆藻科—针杆藻属。

【形态特征】常以单细胞形式存在。本变种与原种的显著区别是：本变种壳体很细长，中部几乎不增大。

【标本采集地】西沙坨子采样站位。

【繁殖方式】每个细胞可产生 1~2 个复大孢子。

【生态特征】淡水普生性种类，分布极广，常见于各类水体。本次调查中，几乎全年均形成一定丰度的浮游种群，7 月丰度较高，是该水域最重要的优势种之一。

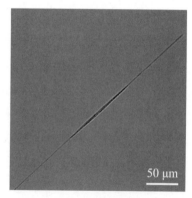

尖针杆藻极狭变种

15. 肘状针杆藻（*Synedra ulna*）

【分类地位】硅藻门—羽纹纲—无壳缝目—脆杆藻科—针杆藻属。

【形态特征】浮游状态时常以单细胞形式存在。壳面线形至线形披针形，末端略呈宽钝圆形或喙状；横线纹较粗，由点纹组成，平行排列，两端偶见放射排列；假壳缝呈窄线形；中心区横矩形或无，边缘偶见短线纹。带面线形。

【标本采集地】西沙坨子采样站位。

【繁殖方式】每个细胞可产生 1~2 个复大孢子。

【生态特征】淡水普生性种类。本次调查中，仅在 8 月形成一定丰度的浮游种群。

【污染指示】*β*ms—os，锌污染耐受种。

16. 肘状针杆藻缢缩变种（*Synedra ulna var. constracta*）

【分类地位】硅藻门—羽纹纲—无壳缝目—脆杆藻科—针杆藻属。

【形态特征】浮游状态时常以单细胞形式存在。此变种与原种的区别为：本变种壳面明显宽且短，中部缢入，中央区较大。

【标本采集地】西沙坨子采样点。

【繁殖方式】每个细胞可产生 1~2 个复大孢子。

【生态特征】常见淡水普生性种类，分布很广。本次调查中，仅在 8 月形成一定丰度的浮游种群。

17. 菱头针杆藻（*Synedra capitata*）

【分类地位】硅藻门—羽纹纲—无壳缝目—脆杆藻科—针杆藻属。

【形态特征】常以单细胞形式存在，细胞个体较大。壳面细长呈长棍状，两端具菱形状突起；中央区明显，呈正方形。假壳缝较粗。

【标本采集地】西沙坨子采样站位。

【繁殖方式】每个细胞可产生 1~2 个复大孢子。

【生态特征】偶见浮游性种类，喜生长于具一定流速的水体中。本次调查中，仅在 10 月形成一定丰度的浮游种群。

18. 扁圆卵形藻（*Cocconeis placentula*）

【分类地位】硅藻门—羽纹纲—单壳缝目—曲壳藻科—卵形藻属。

【形态特征】以单细胞形式存在，以下壳着生在其他物体上。壳面椭圆形，具假壳缝的一面横线纹由同大的小孔纹连成；具壳缝的一面中央区小，略呈卵形。壳缝线形，横线纹均在近壳的边缘中断，形成一个环绕在近壳缘四周的环状平滑区。由点纹组成的横线纹略呈放射状斜向中央区。具 1 个片状色素体。

【标本采集地】西沙坨子采样站位。

【繁殖方式】每 2 个母细胞的原生质体结合形成 1 个复大孢子。

【生态特征】常见淡水普生性种类，常营固着生活，兼营浮游生活。喜生长于中性至碱性温性水体中。本次调查中，各采样站位

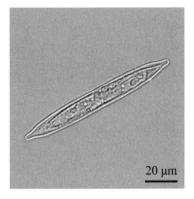

20 μm

肘状针杆藻

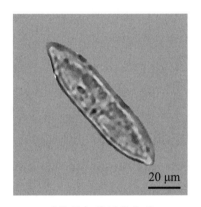

20 μm

肘状针杆藻缢缩变种

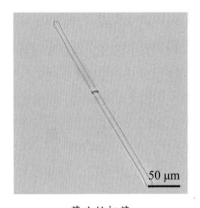

50 μm

菱头针杆藻

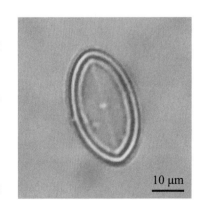

10 μm

扁圆卵形藻

均可发现其存在。

【污染指示】αms—βms—os。

19. 扁圆卵形藻多孔变种（*Cocconeis placentula* var. *euglypta*）

【分类地位】硅藻门—羽纹纲—单壳缝目—曲壳藻科—卵形藻属。

【形态特征】本变种与原种的显著差异是：本变种具假壳缝的一面由于横线纹粗且间断，横线纹间形成纵波状条纹。具1个片状色素体。

【标本采集地】前沙坨子采样站位。

【繁殖方式】每2个母细胞的原生质体结合形成1个复大孢子。

【生态特征】常见淡水普生性种类，常营固着生活，兼营浮游生活，喜生长于中性至碱性温性水体中。本次调查中，几乎全年均形成丰度较高的浮游种群，尤其在5—9月丰度较高，是该调查水域最重要的优势种之一。

【污染指示】os。

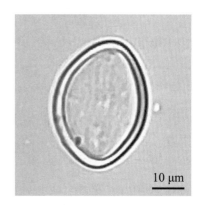

10 μm

扁圆卵形藻多孔变种

20. 曲壳藻（*Achnanthes* sp.）

【分类地位】硅藻门—羽纹纲—单壳缝目—曲壳藻科—曲壳藻属。

【形态特征】植物体为单细胞或以壳面相互连接形成带状或树状群体。细胞壳面披针形，上壳面凸出，具假壳缝；下壳面凹入，具典型的壳缝；中央节明显；极节不明显；壳缝和假壳缝两侧的横线纹和点纹相似。带面纵长弯曲，呈膝曲状。具1个片状色素体。

【标本采集地】中华大桥采样站位。

【繁殖方式】2个母细胞相互贴近，每个细胞的原生质体分裂成2个配子，成对的配子结合，形成2个复大孢子。

【生态特征】极常见种类，营浮游生活或以胶柄着生于基质上营固着生活，喜生长于具一定流速的小型浅水水体中。本次调查中，常形成一定丰度的浮游种群。

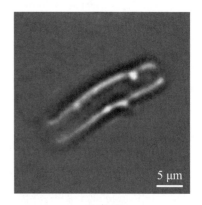

5 μm

曲壳藻

21. 弯形弯楔藻（*Rhoicosphenia curvata*）

【分类地位】硅藻门—羽纹纲—单壳缝目—曲壳藻科—弯楔藻属。

【形态特征】浮游状态时以单细胞形式存在。着生状态时以细胞狭的一端连接在胶质柄顶端，形成着生群体。壳面大多呈棒状，有时呈长卵形或线形披针形。带面弯楔形，上下不对称，上宽下窄，末端具2个与壳面平行的隔膜。一侧壳面凸出，中轴区狭线形，其上、下两端仅具发育不完全的短壳缝，且无中央节和极节，横线纹近平行排列。另一侧壳面凹入，中轴区狭线形，中央区长方形，横线纹呈放射状斜向中央区，两端的近平行，具壳缝、中央节和极

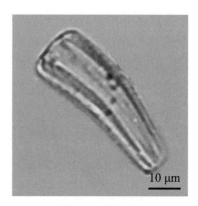

10 μm

弯形弯楔藻

节。带面弯楔形。具 1 个片状色素体。

【标本采集地】前沙坨子采样站位。

【繁殖方式】每 2 个母细胞的原生质体结合，形成 1 个复大孢子。

【生态特征】淡水及半咸水普生性种类，分布广泛，营浮游生活或以胶质柄或垫状物着生在其他基质上。本次调查中，仅在 10 月形成丰度很低的浮游种群。

22. 细布纹藻（*Gyrosigma kützingii*）

【分类地位】硅藻门—羽纹纲—双壳缝目—舟形藻科—布纹藻属。

【形态特征】以单细胞形式存在。壳面呈"S"形，中间向两端逐渐狭窄，末端钝圆形；中轴区狭窄，呈"S"形，具中央节和极节；壳缝也呈"S"形。

【标本采集地】肖夹河采样站位。

【生态特征】淡水普生性浮游种类，分布广泛。本次调查中，仅 8 月在肖夹河采样站位形成丰度较低的浮游种群。

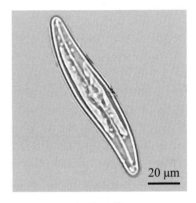

20 μm

细布纹藻

23. 卵圆双壁藻（*Diploneis ovalis*）

【分类地位】硅藻门—羽纹纲—双壳缝目—舟形藻科—双壁藻属。

【形态特征】浮游状态时，常以单细胞形式存在。壳面椭圆形，末端广圆形。中央节大，近圆形。角状突起明显，近平行。两侧纵沟狭窄，在中部略宽并明显弯曲。横肋纹粗，略呈放射状，肋纹间有很细的点纹。具 2 个片状色素体和 1 个蛋白核。

【标本采集地】中华大桥采样站位。

【生态特征】分布于淡水或半咸水中。本次调查中，仅在 9 月形成一定丰度的浮游种群。

【污染指示】βms。

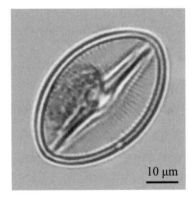

10 μm

卵圆双壁藻

24. 尖头舟形藻（*Navicula cuspidata*）

【分类地位】硅藻门—羽纹纲—双壳缝目—舟形藻科—舟形藻属。

【形态特征】以单细胞形式存在。壳面菱形披针形，中间向两端逐渐狭窄，末端呈喙状；中轴区狭线形；中心区略放宽；横线纹平行排列，与纵线纹十字交叉成布纹。

【标本采集地】肖夹河采样站位。

【繁殖方式】由 2 个母细胞原生质分裂形成 2 个配子，2 对配子结合形成 2 个复大孢子。舟形藻属各种类均为此繁殖方式。

【生态特征】淡水普生性种类，分布广泛。本次调查中，在个别月份形成一定丰度的浮游种群。

【污染指示】βms。

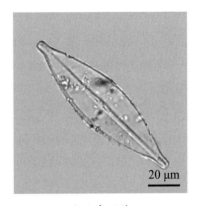

20 μm

尖头舟形藻

25. 显喙舟形藻（*Navicula perrostrata*）

【分类地位】硅藻门—羽纹纲—双壳缝目—舟形藻科—舟形藻属。

【形态特征】以单细胞形式存在。细胞壳面形状与尖头舟形藻相似，呈菱形，中间向两端逐渐狭窄，末端呈喙状。

【标本采集地】前沙坨子采样站位。

【生态特征】淡水普生性种类，分布广泛。本次调查中，全年均形成一定丰度的浮游种群，是该水域重要的优势种之一。

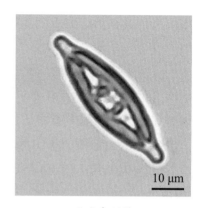

10 μm

显喙舟形藻

26. 扁圆舟形藻（*Navicula placentula*）

【分类地位】硅藻门—羽纹纲—双壳缝目—舟形藻科—舟形藻属。

【形态特征】以单细胞形式存在。壳面椭圆披针形，由中间向两端逐渐狭窄，末端钝喙状；中轴区为狭窄的细线形；中心区大小中等，圆形至横椭圆形；横线纹粗，呈放射状排列，全部指向中央区。

【标本采集地】中华大桥采样站位。

【生态特征】喜生长于 pH 偏碱性、温暖的贫营养型水体中。本次调查中，仅在 3 月、10 月和 11 月形成一定丰度的浮游种群。

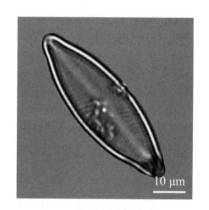

10 μm

扁圆舟形藻

27. 双球舟形藻（*Navicula amphibola*）

【分类地位】硅藻门—羽纹纲—双壳缝目—舟形藻科—舟形藻属。

【形态特征】以单细胞形式存在。壳面椭圆披针形，末端呈球形宽喙状，平截，中轴区狭窄；中心区大横矩形；横线纹明显由点纹组成，呈放射状指向中央区；中央区两侧具长短不一的横线纹。色素体 2 个，呈片状。

【标本采集地】中华大桥采样站位。

【生态特征】分布较广，喜生长于 pH 近中性、贫营养型的水体中。本次调查中，在个别月份形成一定丰度的浮游种群。

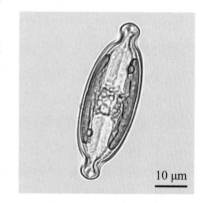

10 μm

双球舟形藻

28. 双头舟形藻（*Navicula dicephala*）

【分类地位】硅藻门—羽纹纲—双壳缝目—舟形藻科—舟形藻属。

【形态特征】以单细胞形式存在。壳面宽线形至线形披针形，两侧较平直，两端明显狭窄延长，末端喙状至头状；中轴区狭窄；中心区横矩形；横线纹粗，呈放射状排列，斜向中央区。

【标本采集地】西沙坨子采样站位。

【生态特征】淡水普生性种类，分布较广。本次调查中，在个别月份形成一定丰度的浮游种群。

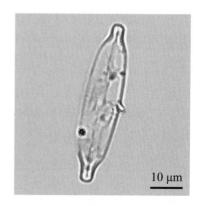

10 μm

双头舟形藻

29. 微绿舟形藻（*Navicula viridula*）

【分类地位】硅藻门—羽纹纲—双壳缝目—舟形藻科—舟形藻属。

【形态特征】以单细胞形式存在。壳面线形披针形，两端略延长，末端广圆形；中轴区狭窄；中央区大，圆形；中轴区和中央区的硅质略厚于壳面其他区域；横线纹较粗，呈放射状指向中央区排列，两端略斜向极节。

【标本采集地】中华大桥采样站位。

【生态特征】常见淡水种类，喜生长于贫营养型、微碱性淡水水体中。

【污染指示】铜污染耐受种。

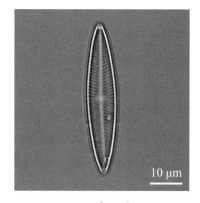

微绿舟形藻

30. 放射舟形藻（*Navicula radiosa*）

【分类地位】硅藻门—羽纹纲—双壳缝目—舟形藻科—舟形藻属。

【形态特征】以单细胞形式存在。壳面狭披针形，中间向两端逐渐狭窄，末端狭钝圆形；中轴区狭窄；中心区为小菱形；壳面中轴区及中央区硅质较其他区域略厚；横线纹呈放射状排列，大部分指向中央区，两端则略斜向极节。

【标本采集地】中华大桥采样站位。

【生态特征】淡水普生性种类，分布较广，喜生长于 pH 近中性的水体中。本次调查中，在个别月份形成一定丰度的浮游种群，尤其 11 月丰度较高。

【污染指示】βms。

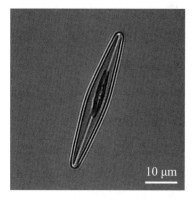

放射舟形藻

31. 卵圆双眉藻（*Amphora ovalis*）

【分类地位】硅藻门—羽纹纲—双壳缝目—桥弯藻科—双眉藻属。

【形态特征】常以单细胞形式存在。细胞呈橘子瓣状，背缘处上、下壳面距离远，腹缘处上、下壳面距离近；壳面新月形，背缘凸出，腹缘凹入，末端钝圆形；中轴区狭窄；中央区仅在腹侧明显；壳缝略呈波状；横线纹由点纹组成，在腹侧中部间断，末端斜向极节，在背侧呈放射状排列；背侧带面近椭圆形，两侧边缘弧形；腹侧带面呈矩形。色素体侧生，片状。

【标本采集地】西沙坨子采样站位。

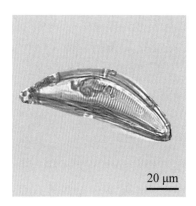

卵圆双眉藻

【繁殖方式】由 2 个母细胞的原生质体结合形成 2 个复大孢子。1 个细胞也可能产生 1 个复大孢子。

【生态特征】淡水普生性种类，分布广泛，营底栖固着兼浮游生活。本次调查中，仅在 8 月形成了一定丰度的浮游种群。

【污染指示】os。

32. 偏肿桥弯藻（*Cymbella ventricosa*）

【分类地位】硅藻门—羽纹纲—双壳缝目—桥弯藻科—桥弯藻属。

【形态特征】单细胞或分枝及不分枝群体。壳面大多呈半椭圆形，有明显的背腹之分；背侧边缘凸出；腹侧平直或中部略凸出；两侧略延长，末端尖圆形；中轴区狭窄；中央区不扩大或略扩大；壳缝直，偏于腹侧；横线纹略呈放射状排列。具1个侧生片状色素体。

【标本采集地】下王家采样站位。

【繁殖方式】由2个母细胞的原生质体结合形成2个复大孢子。

【生态特征】淡水普生性种类，分布很广。本次调查中，全年均形成一定丰度的浮游种群，尤其在2—5月丰度很高，是该水域最重要的优势种之一。

【污染指示】铜、锌耐受种。

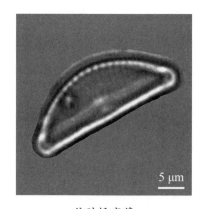

5 μm

偏肿桥弯藻

33. 埃伦桥弯藻（*Cymbella ehrenbergii*）

【分类地位】硅藻门—羽纹纲—双壳缝目—桥弯藻科—桥弯藻属。

【形态特征】单细胞或分枝及不分枝群体。壳面大多呈椭圆形，有背腹之分；背缘凸出，腹缘中部略凸出，两端钝圆呈喙状；中轴区宽，披针形；中央区圆形扩大；壳缝直，略偏于腹侧；横线纹粗，略呈放射状斜向中央区。具1个侧生片状色素体。

【标本采集地】中华大桥采样站位。

【繁殖方式】由2个母细胞的原生质体结合形成2个复大孢子。

【生态特征】淡水普生性种类，分布广泛。本次调查中，仅在3月形成一定丰度的浮游种群。

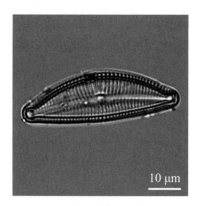

10 μm

埃伦桥弯藻

34. 近缘桥弯藻（*Cymbella affinis*）

【分类地位】硅藻门—羽纹纲—双壳缝目—桥弯藻科—桥弯藻属。

【形态特征】单细胞或分枝及不分枝群体。壳面大多呈半椭圆形，有明显背腹之分；背侧凸出，腹侧近平直或略凸出，末端一般呈短喙状；中轴区狭窄；中央区略扩大，近圆形；壳缝偏于腹侧；腹侧中心区具1个单独点纹；横线纹放射状略斜向中央区，两端略斜向极节。具1个侧生片状色素体。

【标本采集地】前沙坨子采样站位。

【繁殖方式】由2个母细胞的原生质体结合形成2个复大孢子。

【生态特征】淡水普生性种类，广泛分布于各类型水体中，营底栖固着兼浮游生活。在本次调查中常形成一定丰度的浮游种群。

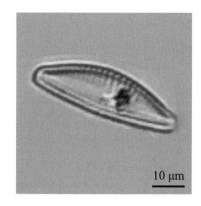

10 μm

近缘桥弯藻

【污染指示】αms—βms—os。

35. 膨胀桥弯藻（*Cymbella tumida*）

【分类地位】硅藻门—羽纹纲—双壳缝目—桥弯藻科—桥弯藻属。

【形态特征】单细胞或分枝及不分枝群体。壳面大多呈椭圆形，有明显背腹之分；背侧边缘凸出，腹侧边缘近于平直，中部略凸出，两端延长呈喙状，末端宽截形；中轴区狭窄，至中央节处略扩大；中央区大，圆形；壳缝略偏于腹侧，弯曲呈弓形，近末端分叉；腹侧中央区具 1~2 个单独的点纹；横线纹由点纹组成，呈放射状斜向中央区。具 1 个侧生片状色素体。

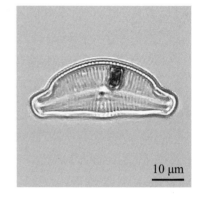

10 μm

膨胀桥弯藻

【标本采集地】下王家采样站位。

【繁殖方式】由 2 个母细胞的原生质体结合形成 2 个复大孢子。

【生态特征】淡水普生性种类，分布广泛，营底栖固着兼浮游生活。本次调查中，在个别月份形成一定丰度的浮游种群。

36. 箱形桥弯藻（*Cymbella cistula*）

【分类地位】硅藻门—羽纹纲—双壳缝目—桥弯藻科—桥弯藻属。

【形态特征】浮游状态时，常以单细胞形式存在。壳面略呈新月形，有明显背腹之分；背缘凸出，腹缘凹入，但中部略凸出，末端钝圆或截圆；中轴区狭窄；中心区稍扩大，略呈圆形；壳缝弓形，偏于腹侧，末端呈勾形斜向背缘；腹侧中央区具 3~6 个单独的点纹；横线纹由点纹组成，呈放射状略斜向中央区，在中部近平行。具 1 个侧生片状色素体。

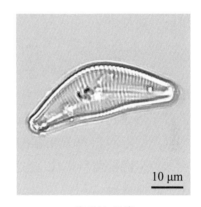

10 μm

箱形桥弯藻

【标本采集地】西沙坨子采样站位。

【繁殖方式】由 2 个母细胞的原生质体结合形成 2 个复大孢子。

【生态特征】淡水普生性种类，分布广泛，营底栖固着兼浮游生活。喜碱性水体，最适 pH 为 8.0。本次调查中，仅在 10 月形成一定丰度的浮游种群。

37. 缢缩异极藻（*Gomphonema constrictum*）

【分类地位】硅藻门—羽纹纲—双壳缝目—异极藻科—异极藻属。

【形态特征】单细胞或分枝及不分枝群体。壳面棒状，在上部和中部之间有一显著缢部，上端宽，末端平广圆形或头状，从中部到下部逐渐狭窄；中轴区狭窄；中央区横向放宽，其两侧横线纹长短交替排列，在其一侧有 1 个单独的点纹；由点纹组成的横线纹呈放射状排列。具 1 个侧生片状色素体。

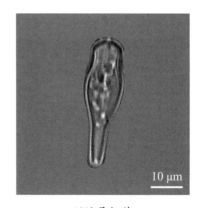

10 μm

缢缩异极藻

【标本采集地】肖夹河采样站位。

【繁殖方式】由 2 个母细胞的原生质体分别形成 2 个配子，相互成对结合形成 2 个复大孢子。

【生态特征】淡水普生性种类，分布广泛，主要营底栖固着生活，偶然营浮游生活。喜高镉、碱性水体，最适 pH 为 8.0。本次调查中，仅在 2—3 月形成一定丰度的浮游种群。

【污染指示】βms。

38. 缢缩异极藻头状变种（*Gomphonema constrictum* var. *capitata*）

【分类地位】硅藻门—羽纹纲—双壳缝目—异极藻科—异极藻属。

【形态特征】该变种与原种的显著区别为：本变种壳面上部和中部之间无收缢，上端宽，末端平广圆形或头状。具 1 个侧生片状色素体。

【标本采集地】下王家采样站位。

【繁殖方式】由 2 个母细胞的原生质体分别形成 2 个配子，相互成对结合形成 2 个复大孢子。

【生态特征】淡水普生性种类，分布广泛，主要营底栖固着生活，偶然营浮游生活。本次调查中，仅在 9 月和 11 月形成一定丰度的浮游种群。

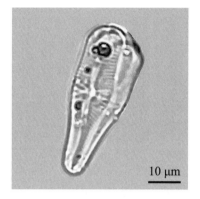

缢缩异极藻头状变种

39. 微细异极藻（*Gomphonema parva*）

【分类地位】硅藻门—羽纹纲—双壳缝目—异极藻科—异极藻属。

【形态特征】单细胞或分枝及不分枝群体，浮游状态时常以单细胞形式存在。壳面两侧不对称，背缘凸出，腹缘中部略凸，末端大多数呈钝圆或呈喙状。壳缝偏于一侧，直且有宽分叉。具 1 个侧生片状色素体。

【标本采集地】中华大桥采样站位。

【繁殖方式】由 2 个母细胞的原生质体分别形成 2 个配子，相互成对结合形成 2 个复大孢子。

【生态特征】淡水普生性种类，分布广泛，主要营底栖固着生活，偶然营浮游生活。本次调查中，常常出现并形成一定丰度的浮游种群，是该水域的常见优势种。

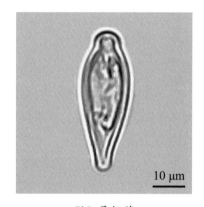

微细异极藻

40. 中间异极藻（*Gomphonema intricatum*）

【分类地位】硅藻门—羽纹纲—双壳缝目—异极藻科—异极藻属。

【形态特征】单细胞或分枝及不分枝群体，浮游状态时常以单细胞形式存在。壳面细棒状，两侧中部略膨大，上部末端宽钝圆头状，下端显著逐渐狭窄呈喙状；中轴区宽度中等；中心区宽，在其一侧具 1 个单独的点纹；横线纹略呈放射状排列。具 1 个侧生片状色素体。

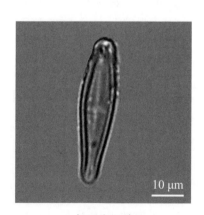

中间异极藻

【标本采集地】下王家采样站位。

【繁殖方式】由 2 个母细胞的原生质体分别形成 2 个配子，相互成对结合形成 2 个复大孢子。

【生态特征】淡水普生性种类，分布广泛，主要营底栖固着生活，偶然营浮游生活。本次调查中，仅 5 月在下王家采样站位形成一定丰度的浮游种群。

41. 纤细异极藻（*Gomphonema gracilis*）

【分类地位】硅藻门—羽纹纲—双壳缝目—异极藻科—异极藻属。

【形态特征】单细胞或分枝及不分枝群体，浮游状态时常以单细胞形式存在。壳面细线状，中部向两端逐渐狭窄，末端尖圆呈喙状；壳缝狭窄，两侧横线纹呈放射状斜向中央区；中心区一侧具 1 个单独的点纹。具 1 个侧生片状色素体。

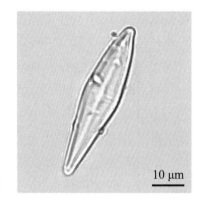

纤细异极藻

【标本采集地】中华大桥采样站位。

【繁殖方式】由 2 个母细胞的原生质体分别形成 2 个配子，相互成对结合形成 2 个复大孢子。

【生态特征】淡水普生性种类，分布广泛，主要营底栖固着生活，偶然营浮游生活，喜生长于温暖的碱性静水水体中，最适 pH 为 7.2~7.4。本次调查中，仅 3 月在下王家、11 月在中华大桥采样站位形成一定丰度的浮游种群。

42. 双头菱形藻（*Nitzschia amphibia*）

【分类地位】硅藻门—羽纹纲—管壳缝目—菱形藻科—菱形藻属。

【形态特征】多为单细胞，或为带状及星状群体。个体很小，浮游状态时以单细胞形式存在。壳面线形至披针形，中间向两端逐渐狭窄；两端短楔形，末端尖圆；每一个壳面一侧具龙骨突起，上面具管壳缝；管壳缝内壁具龙骨点，龙骨点每 10 μm 内有 7~9 个。具 2 个带状色素体。

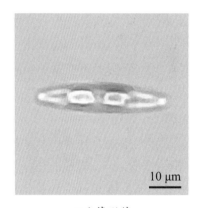

双头菱形藻

【标本采集地】肖夹河采样站位。

【繁殖方式】每个母细胞分裂形成 2 个配子，每个配子和其他母细胞形成的配子结合，形成复大孢子。

【生态特征】常见淡水普生性种类，分布非常广泛，营底栖固着兼浮游生活。本次调查中，几乎全年都形成一定丰度的浮游种群，有时会形成丰度较高的优势种群，是该水域最重要的优势种之一。

43. 谷皮菱形藻（*Nitzschia palea*）

【分类地位】硅藻门—羽纹纲—管壳缝目—菱形藻科—菱形藻属。

【形态特征】多为单细胞，或为带状及星状群体。壳面线形至线形披针形，两侧边缘近平行，两端逐渐狭窄，末端楔形；每一个壳面一侧具龙骨突起，上面具管壳缝；管壳缝内壁具龙骨点；横线

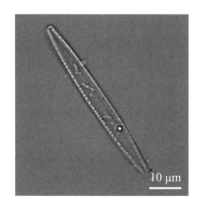

谷皮菱形藻

纹很细。具 2 个带状色素体。

【标本采集地】西沙坨子采样站位。

【繁殖方式】每个母细胞分裂形成 2 个配子，每个配子和其他母细胞形成的配子结合，形成复大孢子。

【生态特征】常见淡水普生性种类，分布非常广泛，能进行氮异养，并分泌抗生素。营底栖固着兼浮游生活，pH 适应范围为 4.2~9.0，最适 pH 为 8.4。本次调查中，几乎全年均形成优势浮游种群，是该水域最重要的优势种之一。

【污染指示】ps—αms—βms，对生态条件耐受力大，是水污染良好指示种。

44. 针形菱形藻（*Nitzschia acicularis*）

【分类地位】硅藻门—羽纹纲—管壳缝目—菱形藻科—菱形藻属。

【形态特征】浮游状态时以单细胞形式存在。壳面细线形至线形披针形，两端逐渐狭窄，末端延伸出很长的针状突起，横线纹很细。具 2 个带状色素体。

【标本采集地】前沙坨子采样站位。

【繁殖方式】每个母细胞分裂形成 2 个配子。每个配子和其他母细胞形成的配子结合，形成复大孢子。

【生态特征】常见淡水普生性种类，分布广泛，营底栖固着兼浮游生活。本次调查中，常形成一定丰度的浮游种群，但丰度不高。

【污染指示】βms。

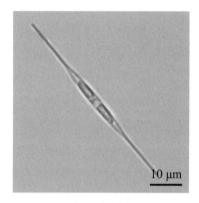

10 μm

针形菱形藻

45. 近线形菱形藻（*Nitzschia sublinearis*）

【分类地位】硅藻门—羽纹纲—管壳缝目—菱形藻科—菱形藻属。

【形态特征】浮游状态时以单细胞形式存在。壳面细线状，两侧边缘近平行，末端凸出呈头状；龙骨明显偏于一侧，两端渐狭；龙骨点小，在 10 μm 内具 10~15 个；横线纹细；带面线形至线形披针形，两侧平行或略凸出，两端逐渐狭窄呈楔形，末端平截形。具 2 个带状色素体。

【标本采集地】肖夹河采样站位。

【繁殖方式】每个母细胞分裂形成 2 个配子。每个配子和其他母细胞形成的配子结合，形成复大孢子。

【生态特征】淡水普生性种类，分布广泛，营底栖固着兼浮游生活。本次调查中常形成一定丰度的浮游种群，但丰度不高。

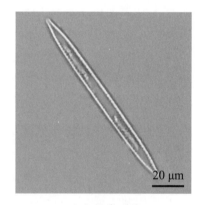

20 μm

近线形菱形藻

46. 尖菱形藻（*Nitzschia acula*）

【分类地位】硅藻门—羽纹纲—管壳缝目—菱形藻科—菱形藻属。

【形态特征】个体较大，浮游状态时以单细胞形式存在。壳面

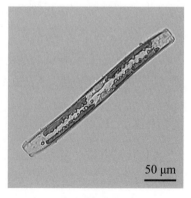

50 μm

尖菱形藻

呈细线形，波浪状起伏，两侧边缘近平行，两端渐狭。带面呈"S"形宽带状。具 2 个带状色素体。

【标本采集地】前沙坨子采样站位。

【繁殖方式】每个母细胞分裂形成 2 个配子。每个配子和其他母细胞形成的配子结合，形成复大孢子。

【生态特征】分布广泛，主要营底栖固着生活兼营浮游生活。本次调查中，常形成丰度较高的着生种群，但浮游种群丰度很低。

47. 弯棒杆藻（*Rhopalodia gibba*）

【分类地位】硅藻门—羽纹纲—管壳缝目—窗纹藻科—棒杆藻属。

【形态特征】个体较大，浮游状态时以单细胞形式存在。壳面弓形，背缘弧形，腹侧平直，两端逐渐狭窄并弯向腹侧；背缘具 1 条龙骨，上面具 1 条不明显的管壳缝；横肋纹间具 2~3 条横线纹；两侧带面异形，一侧远宽于另一侧；带面线形，两侧中部略横向放宽，中部缢缩，两端广圆形。

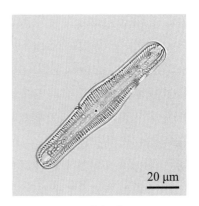

20 μm

弯棒杆藻

【标本采集地】中华大桥采样站位。

【生态特征】分布广泛，主要营底栖固着生活兼营浮游生活。本次调查中，仅 10 月在中华大桥采样站位形成丰度较低的浮游种群。

【污染指示】os。

48. 椭圆波缘藻（*Cymatopleura elliptica*）

【分类地位】硅藻门—羽纹纲—管壳缝目—双菱藻科—波缘藻属。

【形态特征】以单细胞形式存在。壳面广椭圆形，呈波浪起伏状，两端同形，呈宽平圆形。10 μm 内具 7~8 个龙骨点。肋纹短，10 μm 内具 2.5~5 条。具 1 个片状色素体。

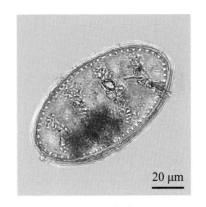

20 μm

椭圆波缘藻

【标本采集地】肖夹河采样站位。

【繁殖方式】由 2 个母细胞结合产生 1 对复大孢子。

【生态特征】淡水普生性种类，分布广泛，营浮游生活。本次调查中，常形成一定丰度的浮游种群。

【污染指示】*β*ms。

49. 草鞋形波缘藻（*Cymatopleura solea*）

【分类地位】硅藻门—羽纹纲—管壳缝目—双菱藻科—波缘藻属。

【形态特征】个体较大，以单细胞形式存在。壳面宽带形，横向上下起伏，中部缢缩，末端钝圆楔形；壳面两侧边缘具龙骨，上有管壳缝；壳面两侧具粗的横肋纹，肋纹很短，使壳缘成串珠状，肋纹间有细线纹；带面线形，两侧具明显的波状皱褶。

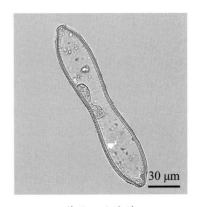

30 μm

草鞋形波缘藻

【标本采集地】肖夹河采样站位。

【繁殖方式】由 2 个母细胞结合产生 1 对复大孢子。

【生态特征】淡水普生性种类，分布广泛。本次调查中，常形成一定丰度的浮游种群。

【污染指示】αms—βms—os。

50. 端毛双菱藻（*Surirella capronii*）

【分类地位】硅藻门—羽纹纲—管壳缝目—双菱藻科—双菱藻属。

【形态特征】个体较大，浮游状态时以单细胞形式存在。壳体两端异形，不等宽；壳面卵形，上端末端钝圆形，下端末端近圆形；龙骨很发达，形成很明显的翼状突起，翼状管 100 μm 内具 7~15 条；横肋纹略呈放射状斜向中央；壳面上端或上下两端中部各有 1 个基部膨大的棘状突起，上端大于下端，下端有时消失，突起顶部具 1 根短刺；带面广楔形。

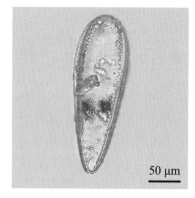

50 μm

端毛双菱藻

【标本采集地】肖夹河采样站位。

【繁殖方式】2 个原生质体结合形成 1 个复大孢子。

【生态特征】淡水普生性种类，分布十分广泛，在半咸水中也有分布。本次调查中，常形成丰度较高的着生种群，但浮游种群丰度很低。

51. 二列双菱藻（*Surirella biseriata*）

【分类地位】硅藻门—羽纹纲—管壳缝目—双菱藻科—双菱藻属。

【形态特征】个体较大，浮游状态时以单细胞形式存在。壳面大多呈扁椭圆形，中间向两端渐狭，两端同形，呈尖圆形；龙骨发达呈翼状突起；带面呈长带状，两端钝圆形。

【标本采集地】肖夹河采样站位。

【繁殖方式】2 个原生质体结合形成 1 个复大孢子。

【生态特征】淡水普生性种类，主要营底栖固着生活兼营浮游生活。本次调查中，常形成丰度较高的着生种群，但浮游种群丰度很低。

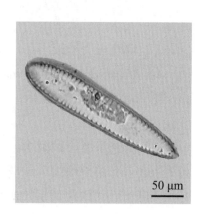

50 μm

二列双菱藻

52. 雅致双菱藻（*Surirella elegans*）

【分类地位】硅藻门—羽纹纲—管壳缝目—双菱藻科—双菱藻属。

【形态特征】个体较大，浮游状态时以单细胞形式存在。壳面大多呈扁椭圆形；壳体两端异形，上端较下端宽，上端呈钝圆形，下端呈尖圆形。

【标本采集地】下王家采样站位。

【繁殖方式】2 个原生质体结合形成 1 个复大孢子。

【生态特征】淡水普生性种类，主要营底栖固着生活兼营浮游

雅致双菱藻

生活。本次调查中，常形成丰度较高的着生种群，但浮游种群丰度很低。

六、裸藻门（Euglenophyta）

裸藻又称眼虫藻，同金藻、甲藻、隐藻、绿藻中的具鞭毛的种类一起称为鞭毛藻类。裸藻绝大部分种类为单细胞、具鞭毛的运动个体；少数种类具有胶质柄，营固着生活；极少数是由多个细胞聚集而成不定形群体。

裸藻细胞呈纺锤形、圆形、圆柱形、卵形、球形、椭圆形、卵圆形等。末端常尖细，或具刺。横断面圆形、扁形或多角形。细胞裸露，无细胞壁，外层特化成周质体。某些绿色裸藻细胞外具囊壳。表质较硬的种类细胞能保持一定的形态，柔软的种类细胞形态多变。表质具螺旋状包围在藻体外部的线纹。裸藻细胞前部有一个瓶状的"沟—泡"结构，鞭毛通过它伸出体外。其上端有一开口与体外相通，下部膨大呈球形或梨形，称为"裸藻泡"，也称作"储蓄泡"。紧靠在裸藻泡上常有一个具渗透调节作用的伸缩泡。绝大多数裸藻种类在营养期时具有鞭毛。大多数为 2 条，几乎都不等长，其动力学性质也不相同。一条常伸向前方游动，称为游动鞭毛。在大多数裸藻种类中，仅有游动鞭毛伸出体外，另一条在"沟—泡"中退化成残根。眼点和副鞭体是绿色裸藻类特有的结构，具有对光的反应能力。无色素的种类大多没有眼点。大多数裸藻种类具有色素体，其结构和所含的色素体成分与绿藻类几乎完全相同。裸藻的色素有叶绿素 a、叶绿素 b 和 β- 胡萝卜素等。某些种类细胞内除了光合色素外还存在红色的非光合色素，称裸藻红素或裸藻红酮。蛋白核是被副淀粉包围而成的鞘状结构，但极少数种类的蛋白核为裸露无副淀粉鞘。而有的绿色裸藻类没有蛋白核结构。副淀粉，或称裸藻淀粉是裸藻最主要的同化产物。脂类是除淀粉外的另一种储藏物质，在细胞内呈油滴状，一般情况下其含量极少，只在老年细胞中常有较多的褐色或橙色的油滴聚集其中。

裸藻的营养方式主要有光合缺陷型营养、渗透性营养、吞噬营养和寄生营养四种。在绿色裸藻种类中，能进行光合作用，但必须补充某些有机质才能正常生长，因此被称为光合缺陷型营养。某些无色裸藻种类，通过渗透作用，吸收环境中的有机营养来维持生命活动，称为渗透性营养，或腐生营养。某些无色裸藻种类通过吞噬食物来获得营养物质，称为吞噬营养或动物性营养。某些进行摄食营养的无色裸藻种类同时还进行渗透性营养。极少数种类寄生在动物的肠道内或鱼鳃上，称为寄生营养。

裸藻类繁殖很简单，细胞纵分裂进行无性繁殖。在不良环境下，有些种类可以形成孢囊，有保护孢囊、休眠孢囊及生殖孢囊之分。前两者当外界条件不良时形成，等环境好转再行分裂。孢囊多数呈球状，其表面常具较厚的胶质被，在胶质被内仍可进行细胞分类。许多孢囊可以聚合在一起形成与衣藻相似的胶群体。

裸藻类植物大多生活在淡水水体中，分布广泛。大多数裸藻种类都喜生于有机质比较丰富的静水环境中，有的特别耐有机污染。在阳光充足的温暖季节常大量繁殖形成优势种，甚至形成绿色、血红色膜状水华或褐色云彩状水华。裸藻通常是污水的指示生物。无色素体种类，如袋鞭藻属、变胞藻属等在污水处理中的氧化塘生物自净过程中可起较大作用。裸藻可作为水生动物的食物，血红裸藻可在养鱼塘大量繁殖，是肥水、好水的标志，可作为某些滤食性鱼类的饵料。

1. 细粒囊裸藻（*Trachelomonas granulosa*）

【分类地位】裸藻门—裸藻纲—裸藻目—裸藻科—囊裸藻属。

【形态特征】以单细胞形式存在。囊壳椭圆形，由于铁质的沉积而成黄褐色或深红褐色，表面密集均匀分布着小颗粒。鞭毛孔有或无领状突起。

【标本采集地】肖夹河采样站位。

【繁殖方式】细胞分裂。

【生态特征】常见淡水种类，分布广泛，最适 pH 为 7.0，喜生长于富营养型静水水体中。本次调查中，仅 8 月在肖夹河采样站位形成丰度较低的浮游种群。

细粒囊裸藻

2. 三棱扁裸藻（*Phacus triqueter*）

【分类地位】裸藻门—裸藻纲—裸藻目—裸藻科—扁裸藻属。

【形态特征】以单细胞形式存在。细胞近圆形，顶面观呈三棱形，两端宽圆，前端略窄，后端具 1 尖尾刺弯向一侧；背部具高而尖的龙骨状背脊突起；腹面呈弧形或近于平直；表质具纵线纹，具 1~2 个较大的环形或圆盘形副淀粉粒；鞭毛约与体长相等。

【标本采集地】下王家采样站位。

【繁殖方式】细胞分裂。

【生态特征】常见淡水种类，喜生长于有机质丰富的小型静水水体中。本种为该调查水域的常见种类，但没有形成一定的种群丰度。

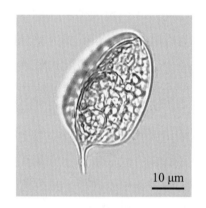

三棱扁裸藻

3. 尖尾裸藻（*Euglena oxyuris*）

【分类地位】裸藻门—裸藻纲—裸藻目—裸藻科—裸藻属。

【形态特征】以单细胞形式存在。细胞近圆柱形，略能变形，有时稍扁平，有时呈螺旋形扭转，有时可见螺旋形的腹沟；前端大多呈圆形，有时略呈头状；后端渐细呈尖尾状；表质具自右向左的螺旋形线纹。具多数小盘状无蛋白核的色素体。核位于细胞中央。前后两端具 2 个或多个大的环形副淀粉粒，而小的则呈杆形、卵形或环形的颗粒。鞭毛较短，不易见到，为体长的 1/4~1/2。眼点明显。

【标本采集地】中华大桥采样站位。

【繁殖方式】细胞分裂。

【生态特征】分布广泛，pH 适应范围为 5~7。喜生长于有机质丰富的静水水体中。本次调查中，仅 9 月在中华大桥采样站位形成丰度较低的浮游种群。

【污染指示】βms。

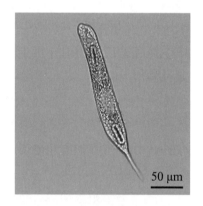

尖尾裸藻

4. 尾裸藻（*Euglena caudata*）

【分类地位】裸藻门—裸藻纲—裸藻目—裸藻科—裸藻属。

【形态特征】以单细胞形式存在。细胞易变形，一般呈纺锤形；前端渐尖呈狭圆形，后端渐细呈尾状；表质具明显的自左向右

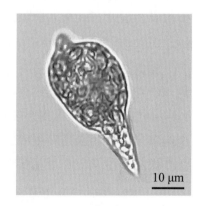

尾裸藻

的螺旋形线纹。细胞具 6~30 个盘状色素体，各具一个带鞘的蛋白核。一部分副淀粉组成蛋白核上的鞘，一部分呈小颗粒分散在细胞质内。具明显眼点，核中位。

【标本采集地】西沙坨子采样站位。

【繁殖方式】细胞分裂。

【生态特征】常见淡水种类，分布广泛，喜生长于富营养型静水水体中。本次调查中，常形成一定丰度的浮游种群，尤以 4 月种群丰度较高。

【污染指示】βms。

5. 梭形裸藻（*Euglena acus*）

【分类地位】裸藻门—裸藻纲—裸藻目—裸藻科—裸藻属。

【形态特征】以单细胞形式存在。细胞狭长，纺锤形或圆柱形，有时可呈扭曲状，略能变形；前端狭窄，圆形或截形，后端渐细，呈长尖尾状；表质具自左向右的螺旋形线纹，或与纵轴平行的纵线纹。具多数盘形或卵形色素体，无蛋白核。具 2 个或多个较大呈长杆形的副淀粉粒，有时呈分散的卵形小颗粒状。核中位。鞭毛短，为体长的 1/8~1/2。呈盘状或表玻形的淡红色眼点明显。

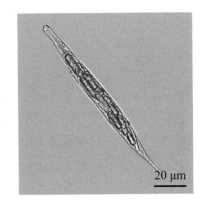

20 μm

梭形裸藻

【标本采集地】下王家采样站位。

【繁殖方式】细胞分裂。

【生态特征】常见淡水种类，分布广泛，喜生长于有机质丰富的静水水体中。本种为该调查水域的常见种类，但没有形成一定的种群丰度。

【污染指示】铬污染耐受种。

七、绿藻门（Chlorophyta）

绿藻门是藻类中最庞大的一个门，种类繁多，分布极广。绿藻门藻体形态纷繁多样，几乎具有其他藻类的所有体型。单细胞类型有球形、梨形、多角形、梭形等。群体类型包括胶群体型、丝状体型、膜状体型、异丝体型、管状体型。绿藻是淡水水体中藻类的重要组成部分，在维持生态环境、水体净化、水环境保护方面都具有重要的意义。

大多数绿藻具有细胞壁，少数无壁，或具特殊表质或覆盖鳞片。细胞壁为两层，内层为纤维质，外层为果胶质。细胞壁表面一般平滑，有的具颗粒、孔纹、瘤、刺、毛等构造。原生质中央常具 1 个大液泡。大多数绿藻具 1 个或数个色素体，或轴生于细胞中央，或周生围绕在细胞壁。其形态有杯状、片状、盘状、星状、带状和网状。其具有的光合作用色素包括叶绿素 a 和叶绿素 b，辅助色素有叶黄素、胡萝卜素、玉米黄素、紫黄质等。色素成分及各种色素的比例与高等植物相似。大多数种类的色素体内含有 1 个蛋白核，少数种类为多核。其光合产物主要为颗粒状淀粉。大多数绿藻种类具 1 个明显的细胞核，少数为多核。细胞核与高等植物相似。能运动的绿藻鞭毛类细胞通常具 2 条顶生等长鞭毛，少数为 1 条、6 条或 8 条。鞭毛着生处常具 2 个伸缩泡，少数具 1 个或数个，不规则地分散在原生质内。运动鞭毛细胞常具 1 个橘红色眼点，多位于细胞色素体前部或中部的侧面。

绿藻具有营养繁殖、无性繁殖和有性生殖三种繁殖方式。绝大多数单细胞种类以细胞分裂方式形成新个体，称为营养性细胞分裂。群体类型以细胞分裂增加细胞数目来进行繁殖。无性繁殖是指植物体形成的生殖细胞不需结合而直接萌发成新的植物体。这种生殖细胞称为孢子，分为动孢子、静孢子、似亲孢子、休眠孢子和厚壁孢子。有性生殖是指通过生殖细胞结合形成合子，再通过减数分裂形成新个体。

绿藻种类繁多，分布极广，约90%于淡水中生活。淡水绿藻不仅种类多，生活范围也十分广泛，除江河、湖沼、塘堰和临时积水中有分布外，土壤、墙壁、树干、树叶等阳光充足的潮湿环境也都有绿藻生存。绿藻有营自由生活的，有营着生生活的，也有营寄生生活的，可以是水生的、陆生的或亚气生的。淡水绿藻，特别是绿球藻目的种类，不仅是鱼塘中浮游植物的主要组成部分，也是滤食性鱼类的主要饵料。

1. 衣藻（*Chlamydomonas* sp.）

【分类地位】绿藻门—绿藻纲—团藻目—衣藻科—衣藻属。

【形态特征】为游动的单细胞。细胞为不纵扁的椭圆形；前端中央不具乳头状突起；细胞壁平滑，不具胶被；具2条等长的鞭毛，鞭毛基部具1个伸缩泡；具1个大型的杯状色素体；具1个大的蛋白核。

【标本采集地】肖夹河采样站位。

【繁殖方式】生长旺盛时期以无性生殖为主。

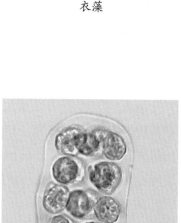

10 μm

衣藻

【生态特征】常见淡水种类，喜生长于富营养型的小型静水水体中。本次调查中，常形成一定丰度的浮游种群，尤其4月和9月在肖夹河采样站位丰度较高。

【污染指示】ps—αms—βms。

2. 空球藻（*Eudorina elegans*）

【分类地位】绿藻门—绿藻纲—团藻目—团藻科—空球藻属。

【形态特征】以群体形式存在。通常以32个细胞组成，有时也出现由16个或64个细胞组成的群体。群体具平滑的胶被，椭圆形或球形。群体细胞彼此分离而不相连，排列在群体胶被周边。细胞球形，壁薄，前端面向群体外侧。细胞中央具2条等长鞭毛，基部具2个伸缩泡。大的杯状色素体充满整个细胞。细胞具多个蛋白核。细胞近前端一侧具眼点。

【标本采集地】中华大桥采样站位。

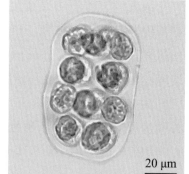

20 μm

空球藻

【繁殖方式】繁殖方式有无性生殖和有性生殖两种方式。无性生殖为群体细胞分裂产生似亲群体。有性生殖为异配生殖。雄配子纺锤形，具2条鞭毛。雌配子球形，具2条鞭毛。雄配子与雌配子相结合形成合子。

【生态特征】淡水常见种类，分布广泛，喜生长于水温较高（20~28 ℃）、有机质丰富的小型静水水体中。可做趋光运动，中午多集中于水体表层，午后则开始向深层移动。本次调查中，仅7月在中华大桥采样站位形成丰度很低的浮游种群。

【污染指示】βms—os。

3. 多芒藻（*Golenkinia radiata*）

【分类地位】绿藻门—绿藻纲—绿球藻目—绿球藻科—多芒藻属。

【形态特征】以单细胞形式存在，有时聚集成群。细胞球形，具1个充满整个细胞的色素体，具1个蛋白核。细胞壁表面具许多纤细长刺。

【标本采集地】西沙坨子采样站位。

【繁殖方式】无性生殖产生动孢子或似亲孢子。

【生态特征】真性浮游种类，喜生长于有机质丰富的小型浅水水体中。本次调查中，仅9月在西沙坨子采样站位形成丰度很低的浮游种群。

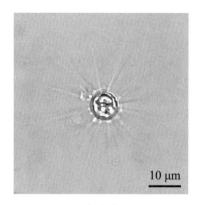

10 μm

多芒藻

4. 四刺顶棘藻（*Chodatella quadriseta*）

【分类地位】绿藻门—绿藻纲—绿球藻目—小球藻科—顶棘藻属。

【形态特征】以单细胞形式存在。细胞卵圆形或柱状长圆形，两端各具2条从左右两侧斜向伸出的长刺，具2个片状周生色素体，无蛋白核。

【标本采集地】西沙坨子采样站位。

【繁殖方式】无性生殖产生2个、4个或8个似亲孢子。

【生态特征】常见淡水种类，喜生长于有机质丰富的小型静水水体中。本次调查中，常形成丰度较低的浮游种群。

【污染指示】*β*ms。

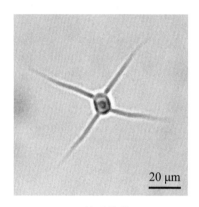

20 μm

四刺顶棘藻

5. 小球藻（*Chlorella vulgaris*）

【分类地位】绿藻门—绿藻纲—绿球藻目—小球藻科—小球藻属。

【形态特征】单细胞或数个细胞聚集在一起。细胞球形，具1个杯状色素体和1个蛋白核；细胞壁薄；色素体占大半细胞。

【标本采集地】肖夹河采样站位。

【繁殖方式】无性生殖产生2个、4个或8个似亲孢子。

【生态特征】常见淡水种类，喜生长于浅水静水水体中。本次调查中，仅9月在肖夹河采样站位形成丰度较低的浮游种群。

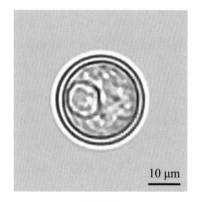

10 μm

小球藻

6. 微小四角藻（*Tetraëdron minimum*）

【分类地位】绿藻门—绿藻纲—绿球藻目—小球藻科—四角藻属。

【形态特征】以单细胞形式存在。细胞小且扁平，正面观四方形，侧缘凹入，有时一对侧缘比另一对更加凹入，角顶圆形，罕具1个小突起，具单个片状色素体，具1个蛋白核。细胞壁平滑或具颗粒。

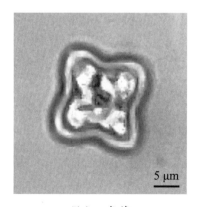

5 μm

微小四角藻

【标本采集地】前沙坨子采样站位。

【繁殖方式】无性生殖产生 4 个、8 个或 16 个似亲孢子，也产生动孢子。

【生态特征】淡水常见种类，分布广泛，喜生长于低光照、富营养的小型静水水体中。本次调查中，仅 9 月在前沙坨子采样站位形成丰度较低的浮游种群。

7. 小形月牙藻（*Selenastrum minutum*）

【分类地位】绿藻门—绿藻纲—绿球藻目—小球藻科—月牙藻属。

【形态特征】植物体常为单细胞，也有数个细胞不规则排列成群。细胞新月形，两端钝圆，具 1 个色素体和 1 个蛋白核。

【标本采集地】西沙坨子采样站位。

【繁殖方式】无性生殖产生似亲孢子。

【生态特征】喜生长于有机质丰富的小型静水水体中。本次调查中，仅 9 月在西沙坨子采样站位形成丰度较低的浮游种群。

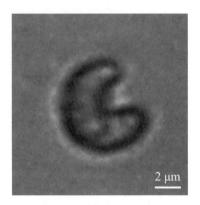

2 μm

小形月牙藻

8. 针形纤维藻（*Ankistrodesmus acicularis*）

【分类地位】绿藻门—绿藻纲—绿球藻目—卵囊藻科—纤维藻属。

【形态特征】以单细胞形式存在。细胞针形，中间向两端渐尖细，末端尖锐，细胞直或一端微弯或两端微弯，具 1 个充满整个细胞的色素体。

【标本采集地】中华大桥采样站位。

【繁殖方式】无性生殖产生 2 个、4 个、8 个、16 个或 32 个似亲孢子。

【生态特征】淡水常见种类，分布广泛，喜生长于营养盐丰富的小型静水水体中。本次调查中，常形成丰度较低的浮游种群，但 11 月丰度较高。

【污染指示】βms。

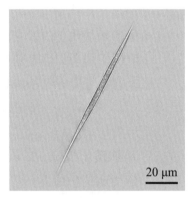

20 μm

针形纤维藻

9. 镰形纤维藻（*Ankistrodesmus falcatus*）

【分类地位】绿藻门—绿藻纲—绿球藻目—卵囊藻科—纤维藻属。

【形态特征】单细胞或由 4 个、8 个、16 个或更多细胞在中部贴靠聚合成群。细胞常在中部略凸出处相互贴靠，并以其长轴相互平行成束状。细胞长纺锤形，有时略弯曲呈弓形或镰形，中部至两端逐渐尖细，末端尖锐，具 1 个片状色素体和 1 个蛋白核。

【标本采集地】下王家采样站位。

【繁殖方式】无性生殖产生 2 个、4 个、8 个、16 个或 32 个似亲孢子。

【生态特征】常见淡水种类，营浮游生活，喜生长于营养盐丰富的小型静水水体中。本次调查中，常形成一定丰度的浮游种群。

【污染指示】αms—βms。

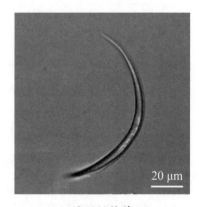

20 μm

镰形纤维藻

10. 螺旋形纤维藻（*Ankistrodesmus spiralis*）

【分类地位】绿藻门—绿藻纲—绿球藻目—卵囊藻科—纤维藻属。

【形态特征】单细胞或由4个、8个或更多个细胞彼此在其中部卷绕成束，两端游离。细胞狭长，纺锤形，近"S"形弯曲，两端渐尖，末端尖锐。

【标本采集地】中华大桥采样站位。

【繁殖方式】无性生殖产生2个、4个、8个、16个或32个似亲孢子。

【生态特征】常见淡水种类，营浮游生活，喜生长于营养盐丰富的小型静水水体中。本次调查中，常形成一定丰度的浮游种群。

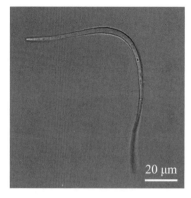

20 μm

螺旋形纤维藻

11. 集星藻（*Actinastrum hantzschii*）

【分类地位】绿藻门—绿藻纲—绿球藻目—群星藻科—集星藻属。

【形态特征】由4个、8个或16个细胞一端彼此连接呈放射状排列的群体。细胞纺锤形或圆柱形，两端略狭窄，具1个长片状周生色素体和1个蛋白核。

【标本采集地】前沙坨子采样站位。

【繁殖方式】无性生殖产生似亲孢子。每个母细胞的原生质体形成4个、8个或16个似亲孢子。孢子在母细胞内纵向排列成2束，释放后形成2个相互接触的呈辐射状排列的子群体。

【生态特征】常见淡水种类，喜生长于小型静水水体中。本次调查中，仅8月在西沙坨子采样站位和9月在前沙坨子采样站位形成丰度很低的浮游种群。

【污染指示】βms—os。

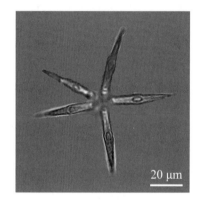

20 μm

集星藻

12. 短棘盘星藻（*Pediastrum boryanum*）

【分类地位】绿藻门—绿藻纲—绿球藻目—水网藻科—盘星藻属。

【形态特征】无穿孔的真性定形群体。通常由4个、8个、16个、32个或64个细胞组成。细胞为五边形或六边形。外层细胞外侧壁具2个钝角状凸起，以细胞侧壁和基部与相邻细胞连接。细胞壁具颗粒。

【标本采集地】西沙坨子采样站位。

【繁殖方式】无性生殖产生动孢子。

【生态特征】常见淡水真性浮游种类，分布广，喜生长于低光照、富营养型水体中。本次调查中，仅7月和9月在西沙坨子采样站位形成丰度很低的浮游种群。

【污染指示】ps—αms。

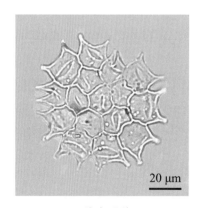

20 μm

短棘盘星藻

13. 卵形盘星藻（*Pediastrum ovatum*）

【分类地位】绿藻门—绿藻纲—绿球藻目—水网藻科—盘星藻属。

【形态特征】具穿孔的真性定形群体。群体细胞呈盘状排列在一个平面上。外层细胞呈卵圆形，具1个长角突，侧边凸出。内层细胞呈卵形或近多角形。细胞壁具细颗粒。

【标本采集地】肖夹河采样站位。

【繁殖方式】无性生殖产生动孢子。

【生态特征】常见真性淡水浮游种类，分布广。本次调查中，在7—10月形成丰度很低的浮游种群。

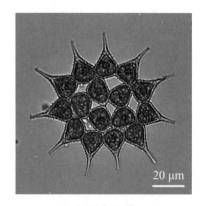

卵形盘星藻

14. 单角盘星藻具孔变种（*Pediastrum simplex* var. *duodenarium*）

【分类地位】绿藻门—绿藻纲—绿球藻目—水网藻科—盘星藻属。

【形态特征】具大穿孔的真性定形群体。由16个、32个或64个细胞组成。细胞近三角形，三边均凹。外层细胞具尖且长的角突，细胞壁常具颗粒。

【标本采集地】前沙坨子采样站位。

【繁殖方式】无性生殖产生动孢子。

【生态特征】常见淡水真性浮游种类。本次调查中，在6—11月形成丰度很低的浮游种群。

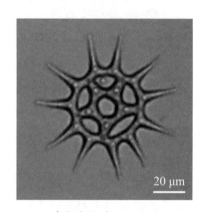

单角盘星藻具孔变种

15. 单角盘星藻对突变种（*Pediastrum simplex* var. *biwae*）

【分类地位】绿藻门—绿藻纲—绿球藻目—水网藻科—盘星藻属。

【形态特征】具穿孔的真性定形群体。本变种与原种的区别为：本变种的外层细胞外侧具1个角状突起，往往相邻2个突起成对排列且略相对弯曲。

【标本采集地】前沙坨子采样站位。

【繁殖方式】无性生殖产生动孢子。

【生态特征】常见淡水真性浮游种类。本次调查中，仅7月和10月在前沙坨子采样站位形成丰度很低的浮游种群。

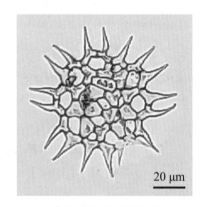

单角盘星藻对突变种

16. 二角盘星藻纤细变种（*Pediastrum duplex* var. *gracillimum*）

【分类地位】绿藻门—绿藻纲—绿球藻目—水网藻科—盘星藻属。

【形态特征】具大型穿孔的真性定形群体。细胞狭长；外层细胞凸起的宽度相等；内层细胞形态与外层细胞相似；细胞宽度与角突宽度近相等。

【标本采集地】下王家采样站位。

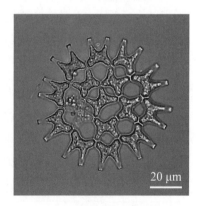

二角盘星藻纤细变种

【繁殖方式】无性生殖产生动孢子。

【生态特征】常见淡水真性浮游种类，分布广泛。本次调查中，在6—8月形成丰度很低的浮游种群。

17. 二角盘星藻网状变种（*Pediastrum duplex* var. *recurvatum*）

【分类地位】绿藻门—绿藻纲—绿球藻目—水网藻科—盘星藻属。

【形态特征】具大型穿孔的真性定形群体。外层细胞具2个长而近平行的角突。角突中部膨大，尖端变细，顶端平截。

【标本采集地】肖夹河采样站位。

【繁殖方式】无性生殖产生动孢子。

【生态特征】常见真性浮游种类，分布广。本次调查中，仅在7月形成丰度很低的浮游种群。

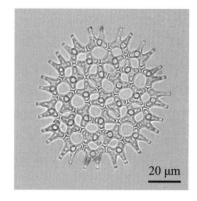

二角盘星藻网状变种

18. 二角盘星藻山西变种（*Pediastrum duplex* var. *shanxiensis*）

【分类地位】绿藻门—绿藻纲—绿球藻目—水网藻科—盘星藻属。

【形态特征】具穿孔的真性定形群体。本变种与原种的区别为：本变种群体内部细胞近方形，内外层细胞以侧壁相连。

【标本采集地】肖夹河采样站位。

【繁殖方式】无性生殖产生动孢子。

【生态特征】常见淡水真性浮游种类，分布广。本次调查中，仅7月在肖夹河采样站位形成丰度很低的浮游种群。

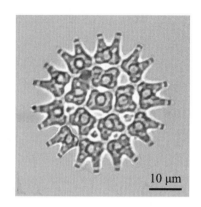

二角盘星藻山西变种

19. 整齐盘星藻（*Pediastrum integrum*）

【分类地位】绿藻门—绿藻纲—绿球藻目—水网藻科—盘星藻属。

【形态特征】无穿孔的真性定形群体。由4个、8个、16个、32个或64个细胞组成。细胞常为五边形。群体边缘细胞外壁平整或具2个退化的短突起。2个突起间的细胞壁略凹入。细胞壁常具颗粒。

【标本采集地】西沙坨子采样站位。

【繁殖方式】无性生殖产生动孢子。

【生态特征】淡水真性浮游种类。本次调查中，仅9月在西沙坨子采样站位形成丰度很低的浮游种群。

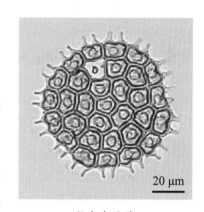

整齐盘星藻

20. 铜钱十字藻（*Crucigenia fenestrata*）

【分类地位】绿藻门—绿藻纲—绿球藻目—栅藻科—十字藻属。

【形态特征】真性定形群体。由4个细胞排成方圆形，中心具一个大的空隙，形如铜钱。细胞椭圆形或近梯形，外壁游离面略凸出。

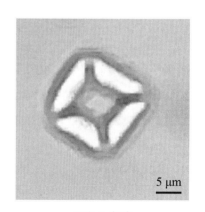

铜钱十字藻

【标本采集地】前沙坨子采样站位。

【繁殖方式】无性生殖产生似亲孢子。

【生态特征】喜生长于各种小型静水水体中。本次调查中，仅11月在前沙坨子采样站位形成丰度很低的浮游种群。

21. 四尾栅藻（*Scenedesmus quadricauda*）

【分类地位】绿藻门—绿藻纲—绿球藻目—栅藻科—栅藻属。

【形态特征】真性定形群体。群体扁平，细胞在一个平面上排成一列。通常由2个、4个、8个或16个细胞组成，4个较为多见。细胞呈长圆形、圆柱形、卵形等，上、下端广圆。群体外侧细胞上、下端各具一个向外斜向的直或略弯曲的刺。细胞壁平滑。

【标本采集地】前沙坨子采样站位。

【繁殖方式】无性生殖产生似亲孢子。

【生态特征】极常见淡水种类，营浮游生活，广泛分布于各类型淡水水体中，喜生长于高碱度、低光照、营养盐较丰富的小型静水水体中。正常光照下自养，低光照下可利用有机物。本次调查中，在个别月份形成丰度很低的浮游种群。

【污染指示】αms—βms—os，农药、百草枯等10种除草剂敏感种。

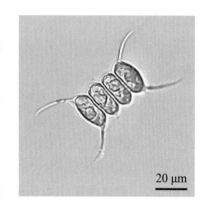

20 μm

四尾栅藻

22. 二形栅藻（*Scenedesmus dimorphus*）

【分类地位】绿藻门—绿藻纲—绿球藻目—栅藻科—栅藻属。

【形态特征】扁平状定形群体。由4个或8个细胞组成，一般常见的为4个细胞的群体。群体细胞并列或交错排列于一个平面上。中间部分的细胞纺锤形，上、下两端渐尖，直立。两侧细胞常呈镰形或新月形而极少垂直，上、下两端也渐尖，细胞壁平滑。

【标本采集地】中华大桥采样站位。

【繁殖方式】以似亲孢子方式繁殖。

【生态特征】为淡水水体中极为常见的浮游种类，喜生长于各种静水水体中。本次调查中，在个别月份形成一定丰度的浮游种群。

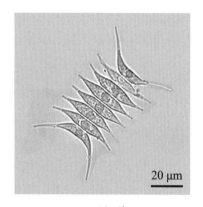

20 μm

二形栅藻

23. 奥波莱栅藻（*Scenedesmus opoliensis*）

【分类地位】绿藻门—绿藻纲—绿球藻目—栅藻科—栅藻属。

【形态特征】真性定形群体，由2个、4个或8个细胞组成，通常为4个细胞。群体细胞沿直线平齐地排成一列。细胞长椭圆形，细胞间以侧壁全长的2/3相连接。外侧细胞的上下两极处各具1条长且向外弯曲的刺。中间细胞上下两极常具1个或2个短刺。

【标本采集地】西沙坨子采样站位。

【繁殖方式】以似亲孢子方式繁殖。

【生态特征】为淡水水体中极为常见的浮游藻类，分布很广。本次调查中，仅8月在西沙坨子采样站位形成丰度很低的浮游种群。

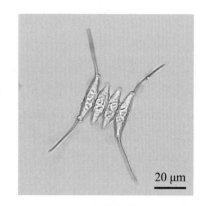

20 μm

奥波莱栅藻

24. 斜生栅藻（*Scenedesmus obliquus*）

【分类地位】绿藻门—绿藻纲—绿球藻目—栅藻科—栅藻属。

【形态特征】扁平状真性定形群体，由 2 个、4 个或 8 个细胞组成，通常为 4 个细胞。群体细胞沿直线平齐地排成一列或做交互排列。细胞呈纺锤形，中间向两端逐渐尖细。两侧细胞的游离面有时凹入有时凸出，细胞壁平滑。

【标本采集地】前沙坨子采样站位。

【繁殖方式】以似亲孢子方式繁殖。

【生态特征】为淡水水体中常见的浮游藻类，分布广泛，光照适应范围为 5 000~20 000 lx，喜生长于各种小型静水水体中。细胞内含有丰富的蛋白质，大量培养可作为蛋白质的来源。本次调查中，仅 4 月在前沙坨子和中华大桥采样站位形成一定丰度的浮游种群。

【污染指示】αms—βms。

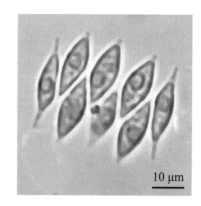

斜生栅藻

25. 齿牙栅藻（*Scenedesmus denticulatus*）

【分类地位】绿藻门—绿藻纲—绿球藻目—栅藻科—栅藻属。

【形态特征】扁平状真性定形群体，由 4 个或 8 个细胞平齐或交错排列在一个平面上。细胞卵形或椭圆形。每个细胞的上、下两端或一端上具 1~2 个齿状凸起。

【标本采集地】中华大桥采样站位。

【繁殖方式】以似亲孢子方式繁殖。

【生态特征】常见淡水种类，分布广，喜生长于各种小型静水水体中。本次调查中，仅 9 月在中华大桥采样站位形成丰度很低的浮游种群。

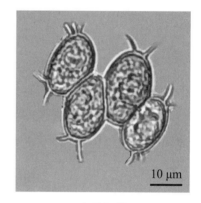

齿牙栅藻

26. 多棘栅藻（*Scenedesmus spinosus*）

【分类地位】绿藻门—绿藻纲—绿球藻目—栅藻科—栅藻属。

【形态特征】真性定形群体，通常由 4 个细胞并列直线排成一列，罕见交错排列。细胞长椭圆或椭圆形。群体外侧细胞的上、下两端各具 1 个向外斜向的或略弯曲刺，其外侧壁中部常具 1~3 条较短的刺。中间两细胞上下两端无刺或具很短的棘刺。

【标本采集地】中华大桥采样站位。

【繁殖方式】无性生殖产生似亲孢子。

【生态特征】常见淡水种类，分布广，喜生长于各种小型静水水体中。本次调查中，仅 3 月和 6 月在前沙坨子和中华大桥采样站位形成一定丰度的浮游种群。

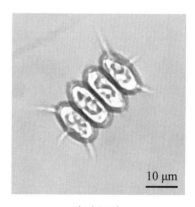

多棘栅藻

27. 单棘四星藻（*Tetrastrum hastiferum*）

【分类地位】绿藻门—绿藻纲—绿球藻目—栅藻科—四星藻属。

【形态特征】由 4 个近圆形细胞组成的定形群体。细胞呈"十"字形排列。每个细胞外侧凸出有一条长刺毛。色素体周生。具 1 个蛋白核。

【标本采集地】前沙坨子采样站位。

【繁殖方式】无性生殖产生似亲孢子。每个母细胞的原生质体"十"字形分裂形成 4 个似亲孢子。孢子在母细胞内排成四方形、十字形，经母细胞壁破裂而释放出来。

【生态特征】营浮游生活，喜生长于各种静水水体中。本次调查中，仅 5 月在前沙坨子采样站位形成丰度很低的浮游种群。

【污染指示】βms。

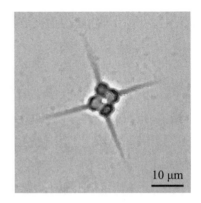

10 μm

单棘四星藻

28. 小空星藻（*Coelastrum microporum*）

【分类地位】绿藻门—绿藻纲—绿球藻目—空星藻科—空星藻属。

【形态特征】定形团状群体，由 8 个、16 个、32 个或 64 个细胞组成。相邻细胞间以细胞基质相互连接。细胞间隙呈三角形。细胞球形或卵形，具一层薄的胶鞘。

【标本采集地】肖夹河采样站位。

【繁殖方式】无性生殖产生似亲孢子。群体中任何细胞都可形成似亲孢子，在离开母细胞前连接成群体。

【生态特征】常见淡水浮游种类，喜生长于各种小型静水水体中。本次调查中，仅 7 月在肖夹河采样站位形成丰度较低的浮游种群。

【污染指示】βms—os。

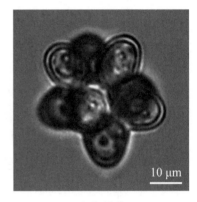

10 μm

小空星藻

29. 项圈新月藻（*Closterium moniliforum*）

【分类地位】绿藻门—接合藻纲—鼓藻目—鼓藻科—新月藻属。

【形态特征】以单细胞形式存在。细胞个体较大且粗壮。细胞长为宽的 5~8 倍，中等程度弯曲。背缘呈 50º~130º 弓形弧度。腹部中缘略膨大，其后均匀向两端渐狭，顶端钝圆。细胞壁平滑无色。色素体约具 6 条纵脊，中轴具排成一列的 6~7 个蛋白核，末端液泡具许多运动颗粒。

【标本采集地】下王家采样站位。

【繁殖方式】细胞分裂，有性生殖为接合生殖。

【生态特征】分布广，全世界均有分布。本次调查中，在 5—8 月形成丰度很低的浮游种群。

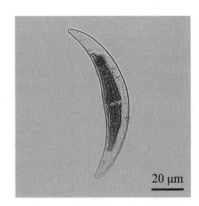

20 μm

项圈新月藻

30. 转板藻（*Mougeotia sp.*）

【分类地位】绿藻门—接合藻纲—双星藻目—双星藻科—转板藻属。

【形态特征】群体呈不分枝丝状体。细胞圆柱形，长度远大于宽度。每个细胞具 1 个轴生板状色素体。

【标本采集地】下王家采样站位。

【繁殖方式】由接合孢子或静孢子方式进行。

【生态特征】常见淡水种类，分布很广，喜生长于小型静水水体中，生殖期较长。本次调查中，7 月在采样站位均形成了丰度较高的浮游种群。

31. 纤细角星鼓藻（*Staurastrum gracile*）

【分类地位】绿藻门—接合藻纲—鼓藻目—鼓藻科—角星鼓藻属。

【形态特征】以单细胞或串状群体形式存在。细胞小或中等大小，形状变化很大，长为宽的 2~3 倍（不包括突起），缢缝浅，顶端尖或"U"形，向外张开呈锐角。半细胞正面观近杯形，顶缘宽，略凸出或平直，具一列中间凹陷的小瘤或成对的小颗粒。在缘边瘤或小颗粒下的缘内具数纵行小颗粒。侧缘近平直或略斜向上。顶角水平向或斜向上延长形成长而细的突起，具数轮小齿，缘边波形，末端具 3~4 个刺。垂直面观三角形，少数四角形。侧缘平直，少数略凹入。缘边具一列中间凹陷的小瘤或成对的小颗粒。缘内具数列小颗粒，有时成对。半细胞具 1 个轴生色素体。

【标本采集地】西沙坨子采样站位。

【繁殖方式】接合孢子方式。

【生态特征】淡水常见种类，喜贫营养型静水水体，营浮游生活。本次调查中，在 7—9 月形成丰度很低的浮游种群。

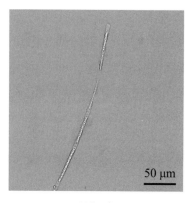

转板藻

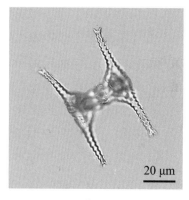

纤细角星鼓藻

第二节　浮游动物

一、原生动物（Protozoa）

原生动物为单细胞或由其形成简单群体的一大类低等动物。虽然仅由一个细胞组成，但每一个细胞都是独立的有机体，具有多细胞动物所具有的所有特征。它们具有伪足、鞭毛、纤毛、吸管、胞口、胞肛、伸缩泡等各种特化的细胞器来完成运动、摄食、感应、生殖等生理活动。

大多数种类细胞质表面具表膜，使身体保持一定的形状。有的种类体表形成形状各异、表面坚固的外壳。大多数种类具 1 个、2 个或多个细胞核，少数种类同时具有大核和小核两种细胞核。大核可能与营养机能有关，小核与生殖活动有关。原生动物运动主要靠水流的移动，但本身也可以依靠各种运动细胞器来运动。肉足纲种类以伪足作为运动器官，纤毛纲种类以纤毛为运动器官。

肉足虫和纤毛虫都以细菌、藻类及其他原生动物或腐屑为食。它们摄取食物的方式有两种：一种是直接摄取固体有机物为食，被称为全动营养；另一种是通过质膜或表膜吸收周围的溶解营养盐和简单有机质，然后通过自身的功能再合成原生质，被称为腐生营养。所有原生动物都具有腐生营养的功能。很多肉足虫和纤毛虫具有以上两种营养方式，被称为混合营养。原生动物在适宜的环境中繁殖得非常快，生殖方式也是多种多样，分为无性生殖和有性生殖。无性生殖又分为二分裂、出芽、质裂和复分裂。有性生殖没有在肉足虫类中发现，纤毛虫类的接合生殖为有性生殖，是常在不适宜的环境下发生的生殖方式。

原生动物种类多、数量大、分布广、适应性也很强。当遇到不良环境会形成孢囊，当环境适宜时会破囊而出继续生活。原生动物在生产生活中的应用非常广泛，对人类的帮助很大。可用于活性泥法进行污水处理，还可以在自然水体的有机污染中作为指示生物，且应用到水质分类的污水生物系统中。同时，还是鱼、虾和贝类直接或间接的天然饵料。

1. 瓶累枝虫（*Epistylis urceolata*）

【分类地位】原生动物门—纤毛纲—缘毛目—累枝科—累枝虫属。

【形态特征】虫体较大呈瓶状或瓮形，形状不十分固定，体呈淡灰或淡绿色。前端具增厚膨大的口围，和本体交界处约束称为一环形的颈。口围盘具纤毛，也显著增厚，隆起于口围边缘。两层纤毛围绕于口围盘。有机质体分内质和外质。包围外质的表膜具不易看到的横纹。伸缩泡位于细胞体前端。短带形的大核位于细胞体前半部。柄基部呈双叉形分枝，从二级开始呈不规则分枝。群体大小不一，分枝上有时会出现体形较小的"雄体"。

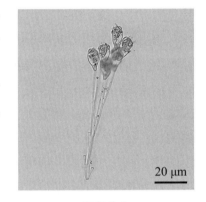

20 μm

瓶累枝虫

【标本采集地】肖夹河采样站位。

【摄食方式】主要以细菌为食，有时也兼食单细胞藻类。

【生态特征】常见种类，常着生于软体动物的贝壳上，广泛分布于静水、流水及沼泽等各类型水体。本次调查中常形成丰度较高的着生种群。

2. 中华拟铃壳虫（*Tintionnopsis sinensis*）

【分类地位】原生动物门—纤毛纲—砂纤目—铃壳纤毛科—拟铃虫属。

【形态特征】壳呈长杯状，由筒状的颈部和较大的体部组成。长约为口径的2.16倍。口缘不规则，颈部具有几道环纹，近口缘处较清晰，以下较模糊。体部多少呈球形，底部浑圆略尖。壳壁薄，最大横径为口径的1.18倍。壳体外表面砂粒细密，往往有细的螺纹。

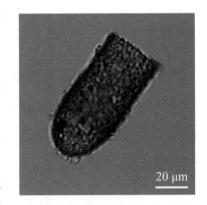

20 μm

中华拟铃壳虫

【标本采集地】下王家采样站位。

【生态特征】常见种类，喜栖息于有机质较丰富、具一定流速的水体中。本次调查中，仅4月在下王家采样站位形成丰度很低的浮游种群。

3. 恩茨拟铃壳虫（*Tintionnopsis entzii*）

【分类地位】原生动物门—纤毛纲—砂纤目—铃壳纤毛科—拟铃虫属。

【形态特征】壳粗壮，呈樽形，末端浑圆稍尖，壳壁附着粗颗粒。侧面观长与口径大小变异较大。长约为口径的 1.16 倍。口缘不规则，领顶短，微外翻，具 1~2 个环纹。颈宽并不缩小，与壳体同宽。

【标本采集地】前沙坨子采样站位。

【生态特征】淡水常见种类，喜栖息于有机质丰富、具一定流速的水体中。本次调查中，仅 6 月在前沙坨子采样站位和 7 月在下王家采样站位形成丰度很低的浮游种群。

20 μm

恩茨拟铃壳虫

4. 球形砂壳虫（*Difflugia globulasa*）

【分类地位】原生动物门—根足纲—表壳目—砂壳科—砂壳虫属。

【形态特征】壳为棕色的球体或卵球体。表面覆盖有大的砂粒，有时混有硅藻空壳，较粗糙。壳腹面中央具 1 个浑圆状壳口，其边缘砂粒小。

【标本采集地】肖夹河采样站位。

【摄食种类】主要摄食单细胞藻类。

【生态特征】分布广，既可在干净的、有水草的水体中生长，也可以在有机质较为丰富的小型水体中出现。本次调查中，仅在 9—10 月形成丰度很低的浮游种群。

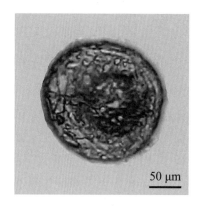

50 μm

球形砂壳虫

5. 瘤棘砂壳虫（*Difflugia trberspinifera*）

【分类地位】原生动物门—根足纲—表壳目—砂壳科—砂壳虫属。

【形态特征】壳体近球形，表面不光滑，具排列整齐的桑葚状棘刺。壳表面覆盖着各类形状的细砂粒和小石片，也常黏附硅藻壳。口面观壳呈圆形，四周均匀着生 3~8 个桑葚状棘刺，尤以 5~6 个最为常见。顶部正中间具圆形壳口，口缘具一圈小石粒。壳口边缘具 7~10 个伸向内侧的齿状突起。壳口侧面观具一短颈。壳赤道偏上处具壳刺。

【标本采集地】前沙坨子采样站位。

【摄食种类】主要摄食单细胞藻类。

【生态特征】常见寡污带种类，营浮游生活，不能主动游泳，喜栖息于有机质含量较低且具一定流速的水体中。本次调查中，仅 7 月在各采样站位形成一定丰度的浮游种群。

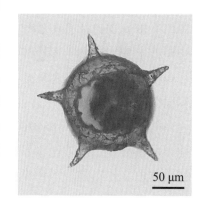

50 μm

瘤棘砂壳虫

6. 盘状匣壳虫（*Centropyxis discoides*）

【分类地位】原生动物门—根足纲—表壳目—匣壳科—匣壳虫属。

【形态特征】壳体扁盘状，不光滑，表面覆盖着各类形状的细砂粒和小石片。壳口圆形或不规则形，略偏离中心。壳后端具 1~7 个短刺，以 7 个最为多见。

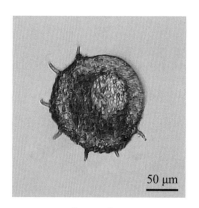

50 μm

盘状匣壳虫

【标本采集地】下王家采样站位。

【摄食种类】主要摄食单细胞藻类。

【生态特征】常见寡污带种类，喜栖息于有机质含量较低且具一定流速的水体中。本次调查中，仅8—10月在各采样站位形成一定丰度的浮游种群。

二、轮虫类（Rotifera）

轮虫是轮形动物门的一类小型多细胞动物。一般体长为100~300 μm。它们的特征为身体前端具着生纤毛环的头冠和具咽部肌肉膨大而成的咀嚼囊。轮虫分布广泛，池塘、江河、湖泊及各类咸淡水中均有出现。轮虫因其繁殖速度快、生产量高，在渔业生产尤其是淡水池塘养殖中具有重要作用。同时，轮虫也是指示生物，在环境监测和生态毒理研究中具有一定的价值。

大部分种类躯体分为头、躯干和足三部分。头具有运动、摄食和感觉的功能，除少数种类外大部分头部具头冠。头冠分为围口区、围顶带和盘顶区三部分。其形态因种类不同而有差异。轮虫吻端或头冠两侧具1~2个红色眼点。头冠腹面中央具口。躯干部外具一层角质膜，很多种类特化成坚硬的被甲，其上常有棘刺，内包所有内部器官。有的种类不具被甲而具有许多能动的附肢。有的种类具背触手或侧触手。角质膜或被甲还具有保护功能，当轮虫受到刺激时，头和足可缩入其中。大部分种类具有足，位于躯干部后方，上面具节状褶皱。足末端一般具2个趾，少数具1个、3个、4个或无。趾可依靠足腺分泌的黏液黏附在其他物体上。

轮虫为雌雄异体，生殖方式主要以孤雌生殖为主，少数种类在特殊情况下进行两性生殖。轮虫雌体正常会产下不需要受精的卵，孵化成雌体，这种卵称为非需精卵或夏卵，产非需精卵的雌体称为不混交雌体。孤雌生殖产量大，繁殖快，种群增长迅速。当环境条件恶化时，一些种类开始两性生殖，此时不混交雌体产的卵经减数分裂形成需精卵。未受精的需精卵可发育成雄体，经过受精的需精卵形成冬卵或休眠卵。休眠卵具厚壳保护，可抵御不良环境，待环境好转时孵化出不混交雌体。

轮虫除了在淡水水体中广泛分布，在海水及内陆咸水中也有存在，但数量较少。某些耐盐性种类可在河口、内陆盐水及浅海沿岸带中生活。大部分轮虫种类喜栖息于水体平静、有机质丰富的水体中。轮虫是淡水鱼类繁殖中鱼苗的重要开口饵料。不同轮虫种类对不同环境因子的适应性具有差异，因此可作为指示生物应用在环境监测工作中。

1. 长足轮虫（*Rotaria neptunia*）

【分类地位】轮形动物门—轮虫纲—双巢目—旋轮科—轮虫属。

【形态特征】被甲透明，身体呈乳白色，能高度伸缩，完全伸展时极细长。头部较小，完全张开时较宽阔。颈部3节，躯干3~5节。足极长且细，吻较短，上面具一对圆球形眼点。背触手位于颈部第一节，呈极长管状，末端具一束感觉毛。具3个长且细的趾。咀嚼囊呈宽阔圆形，咀嚼器为典型的枝型。

【标本采集地】西沙坨子采样站位。

【摄食方式】滤食细菌、单胞藻及腐屑。

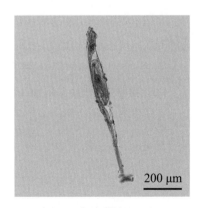

200 μm

长足轮虫

【生态特征】常见淡水种类，分布广，喜栖息于沉水植物比较茂密和有机质较丰富的水体中。本次调查中，几乎全年各月份均形成一定丰度的浮游种群，是该水域重要的优势种之一。

2. 方块鬼轮虫（*Trichotria tetractis*）

【分类地位】轮形动物门—轮虫纲—单巢目—鬼轮科—鬼轮属。

【形态特征】除了趾以外，整个身体包裹着一层非常坚厚的纵长被甲。头与躯干一起呈棱形。背面显著地隆起而凸出，腹面较平直。背甲总是隔成一定数目的甲片，中央并无间隔，为纵长的一整块。足分为3节，第1节具1对短且尖锐的侧刺，第2节较长，第3节很短。具1对非常细且长的趾。

【标本采集地】下王家采样站位。

【摄食方式】滤食细菌、单胞藻及腐屑。

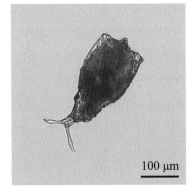

方块鬼轮虫

【生态特征】分布广，多栖息于沼泽、池塘及小型浅水水体中。本次调查中，常形成一定丰度的浮游种群。

3. 萼花臂尾轮虫（*Brachionus calyciflorus*）

【分类地位】轮形动物门—轮虫纲—单巢目—臂尾轮科—臂尾轮属。

【形态特征】被甲透明，呈长圆形，前端具4个长且发达的棘状突起，中间一对突起较两侧大，有时2对棘突一样长。被甲后端圆，具足孔，具环状沟纹的长足由此伸出，足能自由弯曲，两侧亦有短棘突。被甲后半部膨大处两侧各生出1个后棘突，在不同季节及不同地域其大小、形状也有所不同。足末端具1对铗状的趾。口位于纤毛环的腹面。咀嚼器为典型槌形。脑很大，背面具1个明显的眼点。背触手呈棒状。具1对纺锤形侧触手。

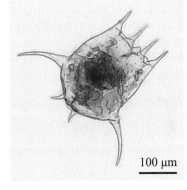

萼花臂尾轮虫

【标本采集地】下王家采样站位。

【繁殖方式】繁殖力强，世代交替快，一年的大部分时间由雌体进行孤雌生殖。当环境条件恶化时就会出现混交雌体，此时产出的卵叫冬卵。冬卵经受精后分泌出一层比较厚的卵壳以抵抗不良环境，形成休眠卵。每一个混交雌体可能同时或陆续产生休眠卵或可以孵出雄体的冬卵。休眠卵较重，常下沉到水底，也有浮在水面的，有的留在母体上，随母体一同下沉。这种卵可以耐受干燥、高温、冰冻及水质的剧烈变化，可以越冬。

【生态特征】极常见喜温世界性分布种类，分布广，7~8 ℃以上开始生长发育。本次调查中，仅4月在各采样站位形成了丰度很高的浮游种群。

【污染指示】ps。

4. 壶状臂尾轮虫（*Brachionus urceus*）

【分类地位】轮形动物门—轮虫纲—单巢目—臂尾轮科—臂尾轮属。

【形态特征】被甲透明，短且宽，长度一般大于宽度。背腹面观被甲后半部比前半部膨大呈壶状。被甲自前端两侧向后端逐渐凸起，后端浑圆，背面中央处具1个半圆形或马蹄形的孔，为足出入通道。被甲背面前端具 3 对棘状突起，中间 1 对较大，其余 2 对几乎等长，中间 2 个棘突之间具明显缺刻。头冠发达，具围顶纤毛、口围纤毛和 3 个棒状突起，突起上具许多粗大纤毛。足很长，表面具环状沟纹，末端具 1 对铗状趾。口位于头冠腹面，经口腔直通发达的槌形咀嚼囊。槌钩自基部裂成 5 片栅状线条，每一线条末端又变成尖圆形的齿。食道短且粗，1 对消化腺位于身体两侧，呈椭圆形。具 1 大眼点，位于脑后端背面。背触手呈短棒状，末端具 1 束感觉毛，1 对棘突自被甲中间伸出。

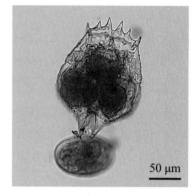

50 μm

壶状臂尾轮虫

【标本采集地】中华大桥采样站位。

【生态特征】常见种类，分布很广，营浮游和底栖生活，喜栖息于有机质较丰富的水体，并可生存于具有一定盐度的水体中。本次调查中，在个别月份形成一定丰度的浮游种群。

【污染指示】ps。

5. 角突臂尾轮虫（*Brachionus angularis*）

【分类地位】轮形动物门—轮虫纲—单巢目—臂尾轮科—臂尾轮属。

【形态特征】被腹面观，被甲呈不规则圆形。背面前端具 1 对较短的棘突，突起尖端略向内弯曲。腹面前缘自两侧渐渐浮起，到中央又形成一凹痕。被甲后端有 1 个马蹄形的孔，为足出入通道。孔两旁具 1 对棘状突起，其尖端也向内弯曲。

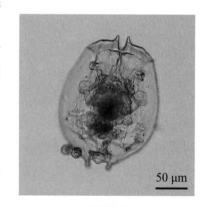

50 μm

角突臂尾轮虫

【标本采集地】下王家采样站位。

【生态特征】极常见世界性分布种类，广泛分布于各类淡水水体中，喜生活于有机质丰富的水体，并可生存于具有一定盐度的水体中。在本次调查的 4—6 月形成了丰度较高的浮游种群。

【污染指示】αms—βms。

6. 螺形龟甲轮虫（*Keratella cochlearis*）

【分类地位】轮形动物门—轮虫纲—单巢目—臂尾轮科—龟甲轮属。

【形态特征】被甲厚重，坚硬不透明，从两侧和前后向中央明显隆起。背甲前端具 3 对棘刺，中央 1 对最长并向外侧弯曲，其余 2 对长度相近。背甲后端中央具 1 根长棘刺，由于季节周期性变异，这根棘状突起长短不一，有时完全消失。背甲表面具线纹，把被甲隔成 11 块小片。腹甲构造简单，表面具网状的纹痕。头冠纤毛具 3 个棒状突起。无足，咀嚼器内咀嚼板为槌形。形体变异很大，具 8 个变种和 6 个型。

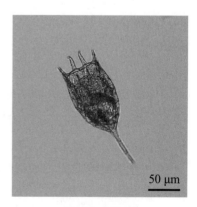

50 μm

螺形龟甲轮虫

【标本采集地】肖夹河采样站位。

【生态特征】极常见世界性分布种类，广泛分布于各类水体中，并可生存于具有一定盐度的水体中，可做昼夜垂直移动。白天可从水表层下沉，夜晚又上升至水表面。本次调查中，几乎全年均形成一定丰度的浮游种群，是该水域最重要的浮游动物优势种。

7. 矩形龟甲轮虫（*Keratella quadrata*）

【分类地位】轮形动物门—轮虫纲—单巢目—臂尾轮科—龟甲轮属。

【形态特征】背腹面观被甲略呈长方形，少数呈椭圆形。背甲自两侧和前后端向中央隆起，表面有规则地隔成20块小片，所有小片表面都具微小粒状雕纹。背甲前端具3对棘突，中央1对较长且靠近尖端，往往向外弯曲，其他2对竖直或弯曲。背甲后端具或不具1对长后棘刺，棘刺顶端向外侧弯曲。腹甲简单，表面具粒状雕纹。

【标本采集地】肖夹河采样站位。

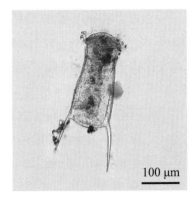

100 μm

矩形龟甲轮虫

【生态特征】常见淡水浮游种类，广泛分布于各类水体，可做昼夜垂直移动。白天可从水表层下沉，夜晚又上升至水表面。本次调查中，在2—5月形成了一定丰度的浮游种群。

8. 曲腿龟甲轮虫（*Keratella valga*）

【分类地位】轮形动物门—轮虫纲—单巢目—臂尾轮科—龟甲轮属。

【形态特征】被甲背腹面观均呈长方形。被甲两侧和前后端向中央隆起，背面具龟甲样小片，每个小片都具微小的粒状雕纹。前端伸出3对棘状突起，往往向外弯曲，中间的1对最长，其末端常向腹面做钩状弯曲。后端左右两个棘刺总是一长一短。

【标本采集地】前沙坨子采样站位。

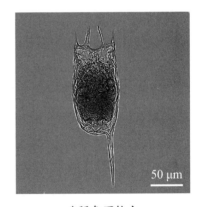

50 μm

曲腿龟甲轮虫

【生态特征】极常见浮游种类，分布广，2 ℃以上就开始生长发育。本次调查中，6月在各采样站位形成了丰度很高的浮游种群，7月丰度较低。

9. 唇形叶轮虫（*Notholca labis*）

【分类地位】轮形动物门—轮虫纲—单巢目—臂尾轮科—叶轮属。

【形态特征】身体无足，角质层形成坚硬的壳或被甲，能弯曲且能保持一定的形状。被甲光滑，并不隔成小块片，上面常装饰有脊或条纹。背甲前端具6个对称的棘状突起，后端形成或大或小的舌状突起或柄。腹甲后半部没有尖三角状的小骨片凸出。

【标本采集地】前沙坨子采样站位。

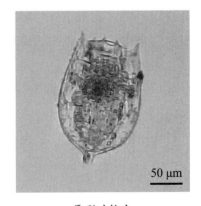

50 μm

唇形叶轮虫

【生态特征】淡水常见浮游种类，分布很广，几乎各类水体均有出现。本次调查中，在水温较低的2—4月形成一定丰度的浮游种群。

10. 大肚须足轮虫（*Euchlanis dilatata*）

【分类地位】轮形动物门—轮虫纲—单巢目—须足轮科—须足轮属。

【形态特征】被甲透明，卵圆形，后端浑圆，具1个"V"形或"U"形缺刻。背甲隆起呈平稳弧形至高三角形，中央隆起不形成膜状"龙骨"突起。被甲腹面扁平，侧面扩张呈羽状。足短，2~3节，具2个箭形的大趾。

【标本采集地】中华大桥采样站位。

【摄食方式】滤食细菌、单胞藻及腐屑。

【生态特征】分布广，对酸性及碱性水体适应性强。本次调查中，在5—7月形成丰度很低的浮游种群。

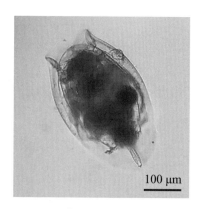

100 μm

大肚须足轮虫

11. 椎尾水轮虫（*Epiphanes senta*）

【分类地位】轮形动物门—轮虫纲—单巢目—须足轮科—水轮属。

【形态特征】体纵长，无被甲，头端至足端逐渐狭窄，体表为一角质层，十分透明且可弯曲。体长为体宽的3~3.5倍。身体和足不能蠕动，足短且粗，具2个趾，无距，与躯干界限不明显。具后肠和肛门，咀嚼器槌形。

【标本采集地】西沙坨子采样站位。

【生态特征】分布广，多见于沼泽及浅水池塘，春、夏两季常在间歇性的夏季干涸池塘大量出现。本次调查中，仅2月在西沙坨子采样站位形成一定丰度的浮游种群。

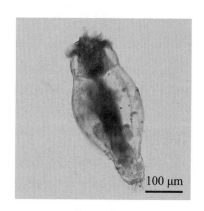

100 μm

椎尾水轮虫

12. 真足哈林轮虫（*Harringia eupoda*）

【分类地位】轮形动物门—轮虫纲—单巢目—须足轮科—哈林轮属。

【形态特征】外形特征与椎尾水轮虫相似。咀嚼器为砧形，刺吸用。

【标本采集地】西沙坨子采样站位。

【摄食方式】依靠砧形咀嚼器捕食原生动物、其他轮虫及小型甲壳动物。

【生态特征】分布广，喜生长于小型静水水体。本次调查中，仅4月在西沙坨子采样站位形成丰度很低的浮游种群。

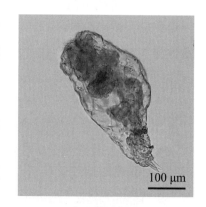

100 μm

真足哈林轮虫

13. 前节晶囊轮虫（*Asplanchna priodonta*）

【分类地位】轮形动物门—轮虫纲—单巢目—晶囊轮科—晶囊轮属。

【形态特征】身体呈透明囊袋状，似灯泡，中部或后半部浑圆，较前部宽阔且无足。头冠顶盘大且发达，盘顶具三叉形裂缝状的口。

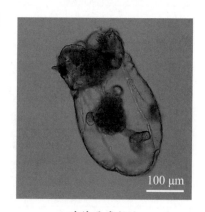

100 μm

前节晶囊轮虫

咀嚼板系典型的砧形,砧基比较短,砧枝发达,每一砧枝前半部的内侧具有4~16个参差不齐的锯齿。遇到浮游植物等食物时,咀嚼器突然转动,伸出口外,摄取食物后随即缩入。消化管道后半部即肠和肛门都消失,胃相当发达。卵巢和卵黄腺呈圆球形。

【标本采集地】中华大桥采样站位。

【摄食方式】依靠头冠和砧形咀嚼器捕食原生动物、其他轮虫及小型甲壳动物。

【生态特征】淡水常见浮游种类,分布很广,喜栖息于富营养型水体中。本次调查中,常形成一定丰度的浮游种群。

14. 等刺异尾轮虫（*Trichocerca similis*）

【分类地位】轮形动物门—轮虫纲—单巢目—鼠轮科—异尾轮属。

【形态特征】被甲呈纵长倒圆锥形,最宽处一般位于头部和躯干部交界处。头部甲鞘具纵长褶痕,当虫体收缩时裂成许多褶片。背面偏右侧具1对很细且很长的背刺,背刺可向腹面转动,或彼此交叉在一起。自背刺基部一直延伸至背甲中下部具2条隆状突起,脊状隆起之间具横纹区。头冠具2个乳突。具1节呈倒圆锥形的很细的足,足具2个等长或近等长的趾,左趾略比右趾长,相互交叉。趾长约为体长的1/3,具2~3个附趾。咀嚼板槌形,细弱,左侧较右侧发达。

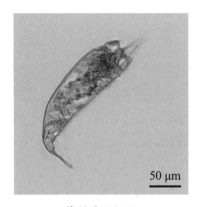

50 μm

等刺异尾轮虫

【标本采集地】西沙坨子采样站位。

【生态特征】常见淡水浮游种类,广泛分布于各类水体,喜栖息于沉水植物和挺水植物较多的浅水水体。本次调查中,在5月、7月、8月形成一定丰度的浮游种群。

15. 圆筒异尾轮虫（*Trichocerca cylindrica*）

【分类地位】轮形动物门—轮虫纲—单巢目—鼠轮科—异尾轮属。

【形态特征】被甲轮廓呈圆筒状,头部与躯干部具不明显的缢缩痕迹。头部甲鞘较长且狭,具纵长的折痕。当虫体收缩时,甲鞘孔就关闭。头部前端背面具1个细长的钩状刺,倒挂在被甲前端孔口的上面。背部具延伸至体末端的横纹区。足倒圆锥形,基部粗壮,只有左趾且很长,几乎与体长相等,具2个刚毛样附趾。咀嚼板相当发达,左右略不对称。脑背面中部具眼点。背触手长且显著。

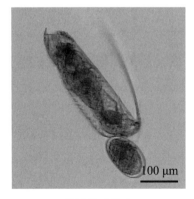

100 μm

圆筒异尾轮虫

【标本采集地】肖夹河采样站位。

【生态特征】常见淡水浮游种类,分布广。本次调查中,仅9月在肖夹河采样站位形成丰度很低的浮游种群。

16. 罗氏异尾轮虫（*Trichocerca rousseleti*）

【分类地位】轮形动物门—轮虫纲—单巢目—鼠轮科—异尾轮属。

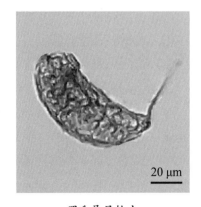

20 μm

罗氏异尾轮虫

【形态特征】体较短，被甲呈圆筒状，头部与躯干部有明显界限。头部甲鞘具纵长褶痕，当虫体收缩时裂成许多褶片。被甲前端宽阔，具 8~9 个粗齿，无隆脊，但有横纹区。体长为趾长的 2 倍以上。

【标本采集地】肖夹河采样站位。

【生态特征】淡水浮游种类，有一定的分布。本次调查中，仅 9 月在肖夹河采样站位形成丰度很低的浮游种群。

17. 长肢多肢轮虫（*Polyarthra dolichoptera*）

【分类地位】轮形动物门—轮虫纲—单巢目—疣毛轮科—多肢轮属。

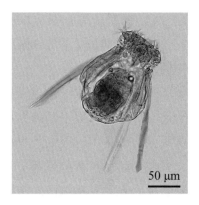

50 μm

长肢多肢轮虫

【形态特征】身体透明，呈圆筒状。身体分头和躯干两部分，它们之间具紧缩折痕。在头和躯干之间，背面和腹面各具 2 束细且长的针状肢，分别由前端两侧射出，每束具 3 条肢。头冠周围仅有 1 圈纤毛环顶部。盘顶具 2 对触手，触手末端具 1 束感觉毛。盘顶腹部具口位。头部背侧具 1 对尖细的长刺。脑腹面具 1 个眼点。

【标本采集地】下王家采样站位。

【生态特征】淡水浮游种类，分布广，可昼夜垂直移动。本次调查中，仅在 12 月形成一定丰度的浮游种群。

18. 针簇多肢轮虫（*Polyarthra trigla*）

【分类地位】轮形动物门—轮虫纲—单巢目—疣毛轮科—多肢轮属。

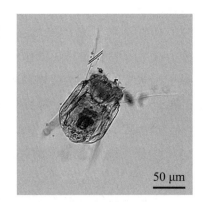

50 μm

针簇多肢轮虫

【形态特征】躯体透明，长方块状，背腹面略扁平。身体具明显的紧缩折痕，将头和躯干分开。头的前端和躯干后端平直或近平直。头和躯干衔接处伸出 2 束粗针状肢，分别由前端两侧射出，每束具 3 条肢。肢呈剑状或细长的针叶片状。头冠盘顶相当发达，周围仅有 1 圈纤毛环。盘顶腹部具口位，周围具 1 圈微弱的口围纤毛。咀嚼囊发达，呈不规则心脏形。咀嚼器杖形，砧基特别长而细。食道短而粗。脑背面具 1 个暗红色眼点。

【标本采集地】下王家采样站位。

【生态特征】常见世界性分布种类，广泛分布于各类型淡水水体中。可做昼夜垂直移动，白天可从水表层下沉，夜晚又上升至水表面。本次调查中，在个别月份形成一定丰度的浮游种群。

19. 尖尾疣毛轮虫（*Synchaeta stylata*）

【分类地位】轮形动物门—轮虫纲—单巢目—疣毛轮科—疣毛轮属。

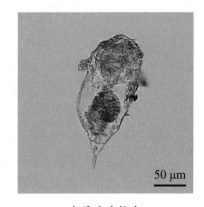

50 μm

尖尾疣毛轮虫

【形态特征】身体透明，宽阔且纵长呈卵圆形。头部两侧具疣状突出。躯干与头部之间具密集环纹。足很长，基部明显宽阔。头部盘顶发达，具 1 圈纤毛环。咀嚼囊大，呈棱形。咀嚼器杖形。眼点暗红色，位于脑背面。具1个棒状被触手及1对纺锤形侧触手。

【标本采集地】肖夹河采样站位。

【摄食方式】可以依靠杖形咀嚼器的槌钩伸出口外来摄取食物并吮吸营养。

【生态特征】分布广，常出现在夏季。本次调查中，常形成一定丰度的浮游种群，尤其4月在下王家采样站位丰度很高。

20. 截头皱甲轮虫（*Ploesoma truncatum*）

【分类地位】轮形动物门—轮虫纲—单巢目—疣毛轮科—皱甲轮属。

【形态特征】被甲呈宽卵圆形，背面观前端略呈四方形。背面边缘近平直，有时呈平稳的波浪式起伏，后端瘦削呈钝圆或钝角。被甲腹面自前端到后端都裂开。整个被甲具浮起的肋条和下沉的沟条。头冠与晶囊轮虫相似。围顶纤毛长且发达。足伸出于被甲腹面，贯穿前后端的裂缝中部，具明显的环状沟纹，可缩短，但无法完全从裂缝缩入甲内。具1对宽阔且发达的钳状趾。咀嚼器为变态的杖形，已接近钳形。具1个深红色或黑色圆球形的大眼点。

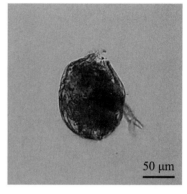

50 μm

截头皱甲轮虫

【标本采集地】前沙坨子采样站位。

【生态特征】分布广，主要以浮游方式生活，常出现在夏季。本次调查中，仅在7月形成一定丰度的浮游种群。

21. 长三肢轮虫（*Filinia longiseta*）

【分类地位】轮形动物门—轮虫纲—单巢目—镜轮科—三肢轮属。

【形态特征】躯体呈卵圆形，较宽阔，分为头和躯干，无被甲和足，具有3条粗刚毛状的长肢。2条前肢生出于躯干最前端与头部连接处的两侧，基部膨大，向后逐渐尖削，可做游泳和突然跳跃运动。前肢长度为体长的2~4倍。具1条后肢，其基部较粗壮，着生于躯干腹面，长度较前肢短，约为体长的2倍，无法自由活动。3个肢的周围具微小的短刺。头部较短，前端平直或略向腹面倾斜。头冠为巨腕轮虫型，漏斗状，其边缘仅生有1圈围顶纤毛圈。咀嚼器为典型槌枝形，左右槌钩具很多齿。躯干后端背面具肛门。具较小的长卵圆形脑及1对深红色眼点，左右眼点相隔较远。

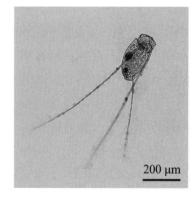

200 μm

长三肢轮虫

【标本采集地】中华大桥采样站位。

【生态特征】极其常见的淡水浮游种类，广泛分布于各类型淡水水体中。本次调查中，仅4月在中华大桥采样站位形成丰度很低的浮游种群。

22. 迈氏三肢轮虫（*Filinia maior*）

【分类地位】轮形动物门—轮虫纲—单巢目—镜轮科—三肢轮属。

【形态特征】躯体非常透明，呈卵圆形，分为头和躯干两部分，无被甲和足。具3条粗刚毛状长度基本等长的肢。自躯干最前端与头部相连处的左右两侧各生出1条前肢，前肢自膨大的基部缓慢地逐渐向后尖削。后肢的形态结构与长三肢轮虫基本一致，所不同的是，后肢着生位置有所不同，于躯干末端或近末端 10 μm 内发出。3 个肢都具有很微小的短刺。头冠为巨腕轮虫型，漏斗状，其边缘仅生有 1 圈围顶纤毛圈。咀嚼器为典型槌枝形，左右槌钩各具 13 个细长的齿。具 1 对深红色眼点，位于脑两侧的 2 个眼点相隔较远。背触手为很小的乳头状突起，躯体两侧中部各伸出 1 个侧触手。

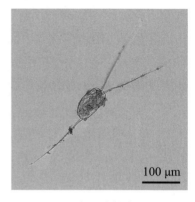

100 μm

迈氏三肢轮虫

【标本采集地】肖夹河采样站位。

【生态特征】常见淡水浮游种类，广泛分布于各类型淡水水体中。本次调查中，在个别月份形成丰度很低的浮游种群。

【污染指示】ps。

三、枝角类（Cladocera）

枝角类是一类小型甲壳动物，通称为"溞"，俗称红虫或鱼虫。绝大多数种类生活在淡水中，是鱼类和其他水生动物食物的重要来源。枝角类处于食物链的中间环节，在淡水生态系统的食物循环中具有重要作用。由于其分布广、数量大、易采集、易培养、繁殖周期短，因此被认为是一种非常好的实验生物。

枝角类通常躯体短，侧扁不分节。躯体分头部和躯干部，包被于两个壳瓣中。头部包被于整个甲壳内。有的种类背面具颈沟。头具 1 个大复眼和 1 个小单眼，复眼由若干个小眼组成。头部腹侧具第一触角，短小，单肢型。头部两侧具强大的第二触角，双肢型，为主要的游泳器官，其刚毛是分类的重要依据。头部两侧各具 1 条由头甲增厚形成的隆线，称为壳弧，可伸展至第二触角基部。躯干部包括胸部和腹部。壳瓣左右各 2 片，薄且透明，在背缘处愈合，腹缘和后缘游离。躯干具 4~6 对兼具滤食和呼吸功能的胸肢，已丧失了运动功能。腹部背侧具 1~4 个突起，称为腹突。腹突之后具 1 个节状突起，其上着生 2 根具有感觉功能的羽状刚毛，称为尾刚毛。有的种类小节突很发达，称为尾突。肛门开口于后腹部后方。尾爪、肛刺和侧刺不但可剔除不能进食的食物，也可拭去胸肢刚毛上的污物。

枝角类具孤雌生殖和两性生殖两种生殖方式。当环境条件比较适宜时行孤雌生殖，环境恶化时行两性生殖。一般我们见到的枝角类个体均为孤雌生殖的雌体，它能产出不需要受精就能发育的孤雌生殖卵，也称夏卵，又名非需精卵。当环境条件恶化时，孤雌生殖雌体所产出的夏卵会孵出雌体和雄体两种个体，它们之间开始行两性生殖产生冬卵，又称需精卵。冬卵孵出的个体均为雌体，又开始行孤雌生殖。

枝角类绝大部分种类生存于淡水水体，在江河中种类和数量相当匮乏，而池塘、湖泊或水库是其分布的主要水域。尤其在多水草的沿岸带，种类和数量特别丰富；敞水区则比较少。枝角类在不同水体的分布会明显受到水环境因子的影响，其中 pH、盐度是影响其分布的重要因子。枝角类绝大部分种类分布于淡水中，有的种类也分布于内陆盐水中，某些种类可生存于盐度 40 以上的超盐水体中。

枝角类在水体中数量多、运动慢、营养丰富，是许多鱼类和甲壳动物的优质饵料。尤其在一些水产经济种类幼体发育到取食轮虫和人工颗粒饲料的过渡阶段，枝角类更是难以代替的适口饵料。目前，国内对枝角类的培养技术已经很成熟，取得了一定效果。

1. 僧帽溞（*Daphina cucullata*）

【分类地位】节肢动物门—甲壳纲—双甲目—枝角亚目—溞科—溞属。

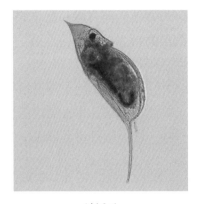

僧帽溞

【形态特征】个体大，雌性体侧扁，侧面观呈椭圆形。壳瓣透明，宽约为长的 3/4，背腹两缘均凸出。壳刺一般较长，自身体纵轴发出。壳瓣花纹不明显。头型随季节变化而不同，在温暖的春季，头部具很长的头盔，随秋季到来头盔逐渐变短，至翌年春末，又重新形成头盔。吻短钝。一般无单眼而具较小的复眼。第一触角很短，几乎完全被吻部覆盖。第二触角较长，游泳时刚毛末端可达壳刺基部。后腹部短小，背侧稍凸，具 6~9 个肛刺。肠管前部具短盲囊 1 对。尾爪无栉刺列。腹突 4 个。

雄性壳瓣背缘平直或微凸。壳刺很长，显著地斜向背方。头长明显小于壳长。吻特别钝。第一触角长圆柱形，末端具 9 根嗅毛、1 根短触毛及 1 根刚毛。后腹角部较狭，具 6 个左右肛刺和 2 个短腹突。

【标本采集地】前沙坨子采样站位。

【生态特征】常见淡水浮游种类，喜栖息于水温较低的静水水体中。本次调查中，在个别月份会形成一定丰度的浮游种群。

2. 长额象鼻溞（*Bosmina longirostris*）

【分类地位】节肢动物门—甲壳纲—双甲目—枝角亚目—象鼻溞科—象鼻溞属。

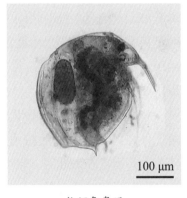

100 μm

长额象鼻溞

【形态特征】雌性体型变化大，具多种型。壳瓣高，后腹角延伸成一壳刺。壳刺末端钝，上缘光滑，下缘有时带锯齿。壳瓣腹缘前端具 10~14 根羽状刚毛。额毛着生于复眼与吻部末端之间。

雄体壳瓣狭长，背缘平直，吻钝，无额毛。第一触角不与吻愈合，可以活动。其前侧靠近基部着生两根触毛。第一胸肢具钩及长鞭。后腹部末端向内凹陷。尾爪较短，无明显的栉刺列。

【标本采集地】中华大桥采样站位。

【生态特征】极常见种类，分布广，喜富营养型温性水体，常在上层水中活动。27 ℃时摄食最旺盛，日粮为体质量的 125%。本次调查中，常形成一定丰度的浮游种群。

3. 圆形盘肠溞（*Chydorus sphaericus*）

【分类地位】节肢动物门—甲壳纲—双甲目—枝角亚目—盘肠溞科—盘肠溞属。

50 μm

圆形盘肠溞

【形态特征】雌性体呈圆形或近圆形，淡黄色或黄褐色。壳瓣短且高，背缘弓起，后缘很低，腹缘外凸，后半部内褶并列生刚毛。

壳面具六边形或多边形网纹。头低，吻长且尖。单眼小于复眼。第一触角前端具1根触毛，着生于整个触角的1/3处，末端具1束嗅毛。第二触角短小，内、外肢均分3节，共具7根游泳刚毛。胸肢5对。肠管末端具1个盲囊。后腹部背缘具8~10个肛刺。尾爪基部具2个爪刺。

雄性壳瓣背缘弓起，腹缘更加凸起，全部列生刚毛，后缘弧度小，后背角明显。吻部较钝，其顶面具2个小突起。第一触角粗壮，前端具数根触毛。第一胸肢具壮钩。后腹部在肛门后方收缢呈棒状。无肛刺和爪刺。

【标本采集地】下王家采样站位。

【生态特征】常见广温性种类，广泛分布于各类型淡水水体中。最适 pH 为 5.0~9.0。本次调查中，在个别月份会形成丰度很低的浮游种群。

四、桡足类（Copepoda）

桡足类是一类小型甲壳动物，广泛分布于海洋、淡水和半咸水中，有的种类营寄生生活，是浮游动物中一个重要的组成部分。桡足类不仅可以作某些鱼类和其他水生动物的天然饵料，还可作为监测水体污染程度的指示生物。桡足类的世代周期较轮虫类和枝角类长，因此作为水产养殖饵料意义不如后两者。

桡足类身体略呈卵圆形，分前体部和后体部，身体分节明显。前体部分为头和胸两部分，背面常具1个单眼或1对晶体。胸部每个体节具1对附肢。后体部不具附肢，由3~5个体节组成。生殖孔位于第一腹节。雌性腹面常膨大，称为生殖突起。肛门位于尾节末端背面，末端具1对尾叉，尾叉末端具5根不等长的羽状刚毛。哲水蚤头两侧具第一触角，强大，为主要游泳器官，单肢型，末端具2根羽状刚毛，雄性常特化成执握器。第二触角短且粗壮，双肢型，也为游泳器官。颚足为胸部第一附肢，单肢型，其结构随种类和食性而不同。胸足位于胸部腹面，着生有羽状刚毛，用于游泳，也称游泳足。第5对胸足因种类而有所不同，雌、雄具有明显的区别，是种类鉴定的最主要依据。

桡足类当发生交配行为时，一般雄体用第一触角或第五胸足抱住雌体，再用执握肢的第一触角抓住雌体的尾叉，随后用第五右胸足抱住雌体的腹部，将精荚从雄孔排出，利用第五胸足取下精荚，并固定在雌孔旁，精卵受精排到水中最终孵化为无节幼体。无节幼体经发育成为桡足幼体，再经发育最终成为成体。

海洋、湖泊、水库、池塘、河流、稻田及内陆盐水等各种水体都有桡足类的存在。通常哲水蚤于湖泊敞水带、河口及池塘中营浮游生活；猛水蚤于敞水带以外的各类水体中营底栖生活；剑水蚤介于上述两种之间，栖息环境多种多样。桡足类喜生活于富营养型的静水水体中，河流等流水水域数量较少。桡足类以滤食、捕食和杂食这三种方式摄食。

桡足类是许多经济鱼类的重要饵料，特别是有些鱼类专门捕食桡足类，所以桡足类的分布与这些鱼群的洄游路线密切相关，可作为渔场的标志。另外，某些桡足类与海流密切相关，可作为海流、水团的指示生物。有些桡足类，经常攻击鱼卵、鱼苗，咬伤大量仔稚鱼，对鱼类生存和生长造成很大的危害，影响渔业生产。某些剑水蚤和镖水蚤种类是一些寄生虫，如吸虫、绦虫、线虫的中间宿主，对人类以及家畜造成危害。

1. 汤匙华哲水蚤（*Sinocalanus dorrii*）

【分类地位】节肢动物门—甲壳纲—桡足亚纲—哲水蚤目—胸刺水蚤科—华哲水蚤属。

【形态特征】躯体细长，体呈长筒状。雌性尾叉窄长，长度约为宽度的 6 倍，内外缘均具细刚毛。第一触角 25 节。第二触角内肢明显长于外肢。第四胸足左右对称，内外肢均 3 节。

雄性头胸部与雌体相似，腹部分 5 节。第五右胸足第二基节内缘基部伸出一匙状突起。第五胸足外肢分 2 节，第一节的外末角具一短刺，第二基节内侧面具数个突起，末端延伸成钩刺状；内肢 3 节，第二节有 1 根羽状刚毛，第三节有 6 根长刚毛。左胸足第二基节粗短，末角有 1 根细刚毛。左胸足外肢第一节内缘具 1 个小隆起，外末角具 1 根短刺；第二节的内缘波纹状，具 1 列细毛，外缘及末缘共具 3 根短刺 1 根长刺；第三节有 6 根长羽状刚毛。

【个体大小】西沙坨子采样站位。

【生态特征】常见纯淡水种类，本次调查中，11 月在西沙坨子采样站位形成丰度较低的种群，12 月在各采样站位形成一定丰度的浮游种群。

500 μm

汤匙华哲水蚤

2. 近邻剑水蚤（*Cyclops vicinus*）

【分类地位】节肢动物门—甲壳纲—桡足亚纲—剑水蚤目—剑水蚤科—剑水蚤属。

【形态特征】雌性体型粗壮，最宽处位于头节末部。第四胸节具锐三角形后侧角。第五胸节具更明显的后侧角并向两侧凸出。生殖节长度大于宽度，由前向后逐渐变细。纳精囊椭圆形。尾叉窄长，长是宽的 6~8 倍，外缘近基部具 1 缺刻，背面具 1 纵隆线，内缘具短刚毛。第一触角 17 节，长度可达第二胸节中部。第五胸足分 2 节，基节斜方形，末角凸出并具 1 根长大的羽状刚毛，末节长方形，内侧具 1 刺，末缘具 1 根羽状刚毛。

雄性体型略瘦小，第 4~5 胸节无凸出的后侧角。生殖节宽度大于长度。尾叉长约为宽的 5 倍，内缘具短刚毛。第五胸足与雌性相似。第六胸足外侧刚毛约为中间刚毛的 1.5 倍，内侧刚毛约为中间刚毛的 0.5 倍。

【标本采集地】中华大桥采样站位。

【生态特征】常见的广温淡水浮游种类，喜栖息于富营养性的小型静水水体。本次调查中，仅 6 月在中华大桥采样站位形成丰度很低的浮游种群。

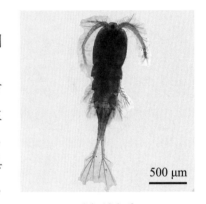

500 μm

近邻剑水蚤

3. 广布中剑水蚤（*Mesocyclops leuckarti*）

【分类地位】节肢动物门—甲壳纲—桡足亚纲—剑水蚤目—剑水蚤科—中剑水蚤属。

【形态特征】雌性头胸部呈卵圆形，头节宽，中部为体最宽处。

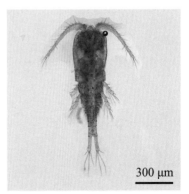

300 μm

广布中剑水蚤

生殖节瘦长，具 1 对卵囊。尾节后缘外侧具细刺。尾叉内缘光滑无刚毛，侧缘近末端 1/3 处具侧尾毛。第一触角共分 17 节，第 16 节边缘具锯齿，第 17 节近末端处具一钩状缺刻。第一胸足第二基节的内末角无羽状刚毛。第五胸足分两节，第一节外末角具 1 根羽状刚毛，第二节窄长，近内缘中部具 1 根长刺。

雄性较雌性瘦小。生殖节长度略大于宽度。具 1 对精荚。尾叉短且平行。第一触角 15 节，末节呈爪状。第 1~5 胸足与雌性相似。第 6 胸足内侧具 1 根较粗的刺，外侧具 2 根细刚毛。

【标本采集地】前沙坨子采样站位。

【食性】以纤毛虫、甲壳类幼体及轮虫等为食。

【生态特征】极常见淡水浮游种类，分布极其广泛，喜生活于水温较高的水体中。本次调查中，在个别月份会形成一定丰度的浮游种群。

第三章　太子河辽阳城区段生态状况

第一节　水质状态

一、水温（T）

水温是水环境中极为重要的因素，热量主要来自太阳辐射。水温一方面直接影响着生物有机体的代谢强度，影响其生长、发育、种群数量及分布等；另一方面又影响着浮游生物食物的丰度和水体中物理、化学因子的变化，从而间接地影响着生物的生存。动物生命仅能生存于较狭窄的温度范围内，约从稍低于冰点至 50 ℃，植物生存温度范围稍大些。天然水体的温度变化范围一般均小于这个幅度，因此生命广泛分布于水圈。生物就其适应的温度而言，可分为广温生物和狭温生物。广温生物按其适温类型又可分为喜温种和喜冷种。天然水域中淡水生物大多属于喜温广温种，适温多在 18~28 ℃。喜冷种适温较低，一些在春、秋大量出现的金藻和硅藻属于这一类。有机体必须在温度达到一定界限以上，才能开始生长和发育，一般把这个界限称为生物学零度。在生物学零度以上，水温的升高会加速有机体的发育。但是超出这个适温范围，升温不但不会加速发育，甚至会起抑制作用。在一定范围内，动物的摄食和生长也随温度的升高而增强。温度与生殖的关系更是十分密切，各种水生生物只有在一定的温度范围内才能生殖。不过，生殖的温度范围通过对环境的长期适应也是可以改变的。大量资料表明，周期性变温对水生生物的生命活动具有积极的意义。但是温度的周期性变化只有在一定的范围内才具有积极作用，否则会起到消极作用。

本次调查中，各采样站位水温的分布情况如图 3-1 所示，变化范围为 2.2~28.6 ℃，平均值为 13.7 ℃。最高值出现在 6 月的下王家采样站位，最低值出现在 2 月的前沙坨子采样站位。各调查月份水温平均值由高到低的顺序为：6 月（25.4 ℃）、8 月（23.2 ℃）、7 月（22.5 ℃）、9 月（18.7 ℃）、5 月（16.3 ℃）、4 月（12.2 ℃）、10 月（11.8 ℃）、3 月（10.5 ℃）、11 月（4.5 ℃）、12 月（2.9 ℃）、2 月（2.3 ℃）。各采样站位水温平均值由高到低的顺序为：下王家（14.2 ℃）、肖夹河（13.8 ℃）、中华大桥（13.6 ℃）、西沙坨子（13.4 ℃）和前沙坨子（13.4 ℃），上游至下游呈上升趋势。

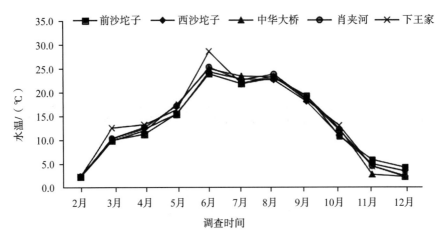

图 3-1　太子河辽阳城区段水温的分布状况

二、pH

pH（氢离子浓度指数）对水生生物具有重要的生态意义。天然水的 pH 一般在 4~10，特殊情况可达 0.9~12。按 pH 可将内陆水体划分为三类：中碱性水体（pH=6~10）、酸性水体（pH<5）、碱性水体（pH>9）。水生生物与 pH 的关系可分为狭酸碱性生物和广酸碱性生物。常见的淡水生物都属于第一类。通常酸性条件对动物的代谢作用是不利的。pH 的变化也会影响动物的摄食、浮游生物的繁殖和发育。各种生物的生殖所要求的最适 pH 也不相同。很多动物在 pH 过高或过低时都发育不良。pH 对有机体的影响与溶解气体及某些离子浓度有关。天然水体中 pH 是水的化学性质和生物活动综合作用的结果。因此，在研究 pH 与生物关系时必须注意与之有关的因素和 pH 变化带来的其他因素的反应。

樊甜甜等（2019）于 2011 年 4 月在辽宁省太子河流域上游、中游和下游三个地区的 38 个采样站位进行了调查（图 3-2）。结果表明，该调查流域 pH 的变化范围为 7.22~9.87，平均值为 8.52。

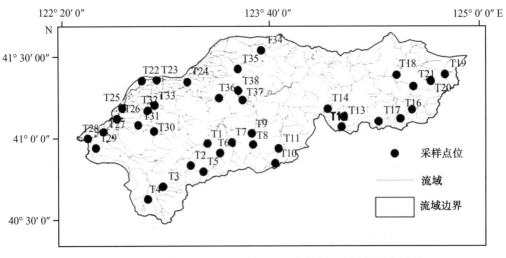

图 3-2　樊甜甜等（2019）于 2011 年对太子河流域的调查站位

王琼等（2017）于 2014 年 6 月 12 日至 7 月 18 日期间，在太子河流域（40°29′—41°39′N，

122°26′—124°53′E)内选取了 46 个采样站位进行调查（图 3-3）。调查结果显示：太子河流域 pH 在 6.93~9.07 范围内波动，平均值为 7.63。

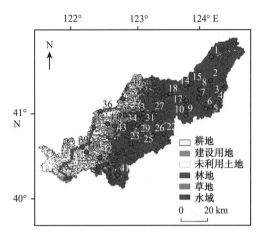

图 3-3 王琼等（2017）于 2014 年对太子河流域的调查站位

本次调查中，太子河辽阳城区段各采样站位 pH 的分布情况如图 3-4 所示，变化范围为 7.28~8.83，平均值为 8.13。最高值出现在 4 月的中华大桥采样站位，最低值出现在 12 月的前沙坨子采样站位。各调查月份 pH 平均值由高到低的顺序为：4 月（8.65）、2 月（8.61）、3 月（8.48）、5 月（8.33）、6 月（8.14）、7 月（8.13）和 10 月（8.13）、8 月（8.12）、9 月（7.81）、11 月（7.58）、12 月（7.46），pH 随时间的变化总体呈下降趋势。各采样站位 pH 平均值由高到低的顺序为：中华大桥（8.32）、肖夹河（8.18）、西沙坨子（8.08）、下王家（8.05）、前沙坨子（8.03）。

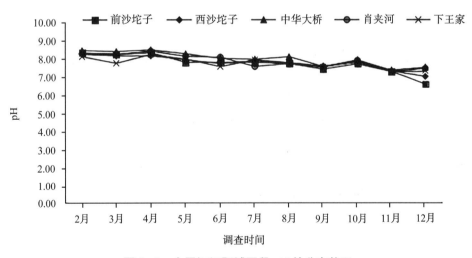

图 3-4 太子河辽阳城区段 pH 的分布状况

三、溶解氧（DO）

溶解氧（DO）对水生生物具有非常重要的意义。它直接决定着大多数水生生物的生存。绝大多数生物都需要氧来进行呼吸作用，缺氧会直接导致其死亡。仅在少数情况下，氧过多会对水生生物造成危害。水中氧的主要来源是大气溶解和水生植物的光合作用。在贫营养型水体中，浮游植物较少，大气溶解是氧的主要来源。但是如果没有水团的各种混合，气体在水中扩散

的很慢，这种作用只限于水体表面，仅凭扩散作用不可能维持水中的需氧量。在富营养型水体中，浮游植物的光合作用是氧的主要来源，大气溶解仅起很小作用。水生动物的呼吸作用需要大量的氧。白天浮游植物在进行光合作用的同时也进行呼吸作用，不过呼吸强度远低于光合强度，但到了夜间，藻类的呼吸作用就对水中的氧影响很大。此外，细菌的呼吸作用也是氧消耗的重要因素。

樊甜甜等（2019）于2011年4月在辽宁省太子河流域上游、中游和下游三个地区的38个采样站位进行了调查（见图3-2）。结果表明，该调查流域DO含量的变化范围为0.2~17.8 mg/L，平均值为9.41 mg/L。

李丽娟等（2019）于2012年对太子河流域的42个采样点进行监测（图3-5）。调查结果显示，该水域DO含量的变化范围为1.9~14.7 mg/L，平均值为9.34 mg/L。

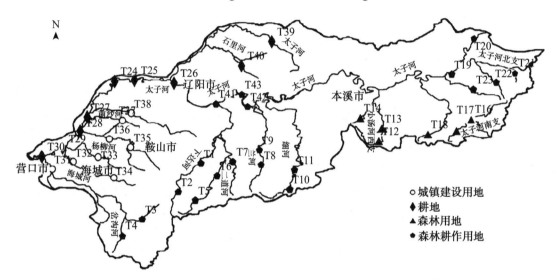

图3-5　李丽娟等（2019）于2012年对太子河流域的调查站位

王琼等（2017）于2014年6月12日至7月18日期间，在太子河流域内选取了46个采样点位进行调查（见图3-3）。调查结果显示，太子河流域DO含量在4.3~12.5 mg/L之间波动，平均值为8.9 mg/L。

于英潭等（2020）于2017年对太子河本溪城区段干流、水库出入口以及个别支流进行调查（见图3-6）。结果显示，该水域的DO含量变化范围为5.9~11.6 mg/L，平均值为9.06 mg/L。

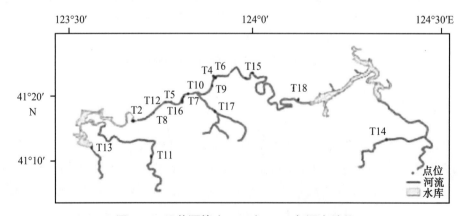

图3-6　于英潭等（2020）2017年调查站位

本次调查中，各采样站位 DO 含量的分布情况如图 3-7 所示，变化范围为 4.32~13.91 mg/L，平均值为 9.99 mg/L。最高值出现在 5 月的下王家采样站位，最低值出现在 7 月的下王家采样站位。各调查月份 DO 含量平均值由高到低的顺序为：12 月（12.57 mg/L）、11 月（12.08 mg/L）、5 月（10.90 mg/L）、3 月（10.86 mg/L）、4 月（10.84 mg/L）、2 月（10.47 mg/L）、10 月（10.03 mg/L）、6 月（9.06 mg/L）、8 月（7.85 mg/L）、7 月（7.73 mg/L）、9 月（7.49 mg/L）。各采样站位 DO 含量平均值由高到低的顺序为：中华大桥（10.35 mg/L）、下王家（10.17 mg/L）、肖夹河（10.07 mg/L）、前沙坨子（9.82 mg/L）、西沙坨子（9.55 mg/L）。根据表 1-1，各调查月份及各采样站位 DO 含量平均值均达到 I 类水质标准。

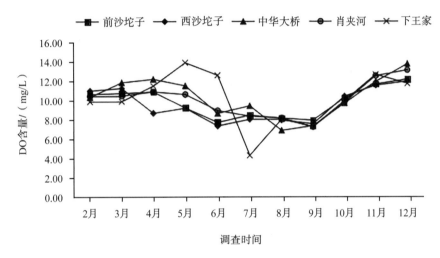

图 3-7 调查水域 DO 含量的分布状况

四、氨氮（NH₃-N）

氨（NH_3）是含氮有机质分解的中间产物，硝酸盐在反硝化细菌的作用下也能产生氨，此外，某些光合细菌和蓝藻进行固氮作用时也能产生氨。氨溶于水后生成铵离子（NH_4^+），铵离子是水生植物营养的主要氮源，一般对水生生物没有毒性，但非离子铵（$NH_3 \cdot H_2O$）对鱼类及其他水生生物毒性较大，能引起鱼鳃组织的增生、皮肤黏液细胞充血、血液成分的改变、红血球的破坏、抵抗力的下降和生长的抑制，浓度大时可迅速引起死亡。尤其在低氧环境下毒性更加大。

李丽娟等（2019）于 2012 年对太子河流域的 42 个采样点进行监测（见图 3-5）。调查结果显示，该水域 NH_3-N 含量的变化范围为 0.07~10.14 mg/L，平均值为 1.24 mg/L。

王琼等（2017）于 2014 年 6 月 12 日至 7 月 18 日期间，在太子河流域内选取了 46 个采样点位进行调查（见图 3-3）。调查结果显示，太子河流域 NH_3-N 浓度在 0.126~0.696 mg/L 范围内波动，平均值为 0.388 mg/L。

于英潭等（2020）于 2017 年对太子河本溪城区段干流、水库出入口以及个别支流进行调查（见图 3-6）。结果显示，该水域的 NH_3-N 含量变化范围为 0.344~3.803 mg/L，平均值为 0.738 mg/L。

本次调查中，各采样站位 NH_3-N 含量的分布情况如图 3-8 所示，变化范围为 0.056~5.660 mg/L，平均值为 0.536 mg/L。最高值出现在 9 月的西沙坨子采样站位，最低值出现在 12 月的中华大桥采样站位。各调查月份 NH₃-N 含量平均值由高到低的顺序为：9 月（2.524 mg/L）、4 月（0.950 mg/L）、2 月（0.685 mg/L）、3 月（0.561 mg/L）、8 月（0.304 mg/L）、11 月（0.158 mg/L）、12 月（0.154 mg/L）、7 月（0.151 mg/L）、6 月（0.149 mg/L）、5 月（0.146 mg/L）、10 月（0.117 mg/L）。各采样站位 NH₃-N 含量平均值由高到低的顺序为：西沙坨子（0.981 mg/L）、肖夹河（0.674 mg/L）、中华大桥（0.448 mg/L）、前沙坨子（0.320 mg/L）、下王家（0.259 mg/L）。

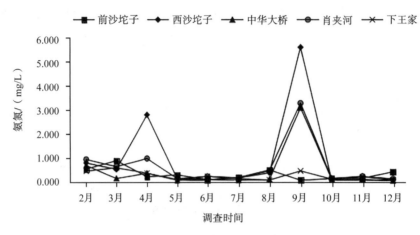

图 3-8　太子河辽阳城区段氨氮的分布状况

五、总氮（TN）

氮是生物生长所必需的元素之一，同时也是藻类生长的限制营养元素之一。农业生产中化肥农药的大量使用使得排入水体中的氮元素含量增加，最终导致水体富营养化的产生，从而影响水中藻类的生长繁殖。总氮可作为水质评价的重要指标之一。

樊甜甜等（2019）于 2011 年 4 月在辽宁省太子河流域上游、中游和下游三个地区的 38 个采样站位进行了调查（见图 3-2）。结果表明，该调查流域 TN 含量的变化范围为 0.31~24.80 mg/L，平均值为 4.20 mg/L。

李丽娟等（2019）于 2012 年对太子河流域的 42 个采样点进行监测（见图 3-5）。调查结果显示，该水域 TN 含量的变化范围为 0.31~24.80 mg/L，平均值为 4.43 mg/L。

王琼等（2017）于 2014 年 6 月 12 日至 7 月 18 日期间，在太子河流域内选取了 46 个采样点位进行调查（见图 3-3）。调查结果显示，TN 含量变化范围为 1.2~11.17 mg/L，平均值为 3.75 mg/L。国际公认的 TN 富营养化阈值为 0.2 mg/L，所有调查站位的 TN 浓度都超过了富营养化阈值。

于英潭等（2020）于 2017 年对太子河本溪城区段干流、水库出入口以及个别支流进行调查（见图 3-6）。结果显示，该水域的 NH₃-N 含量变化范围为 9.86~68.69 mg/L，平均值为 27.66 mg/L。

本次调查中，各采样站位 TN 含量的分布情况如图 3-9 所示，变化范围为 4.61~20.95 mg/L，平均值为 7.83 mg/L。最高值出现在 8 月的中华大桥采样站位，最低值出现在 2 月的中华大桥采样站位。各调查月份 TN 含量平均值由高到低的顺序为 9 月（12.75 mg/L）、8 月（11.80 mg/L）、11 月（8.31 mg/L）、4 月（8.06 mg/L）、3 月（7.40 mg/L）、10 月（7.09 mg/L）、7 月（6.78 mg/L）、5 月（6.66 mg/L）、6 月（6.38 mg/L）、2 月（5.97 mg/L）、12 月（4.90 mg/L）。各采样站位 TN 含量平均值由高到低的顺序为中华大桥（8.41 mg/L）、肖夹河（8.12 mg/L）、下王家（7.87 mg/L）、

前沙坨子（7.43 mg/L）、西沙坨子（7.30 mg/L）。根据表 1-1，各调查月份及各采样站位 TN 平均含量均为 V 类水质。

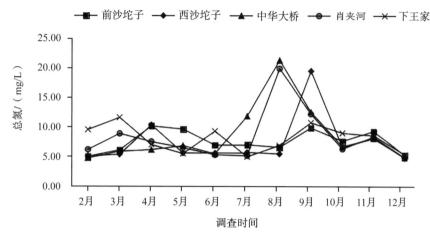

图 3-9　太子河辽阳城区段总氮含量的分布状况

六、总磷（TP）

磷是生物生命活动和生长所必需的元素之一，是影响水中藻类生长的主要因素。环境因素所造成的磷含量变化可以通过藻类生物量的大小表现出来。当水中磷含量不足时会影响藻类生长；相反，当水中磷含量过高时，藻类繁殖加快，生物量增加，同时水体透明度下降，水质变坏。过量的磷是造成水体污秽发臭、发生富营养化的主要原因。水中磷可以是元素磷、正磷酸盐、缩合磷酸盐、焦磷酸盐、偏磷酸盐和有机团结合的磷酸盐等形式，这些磷的总和称为总磷。在长期的水化学和水生生物学研究中，通常只注意磷酸盐对藻类的作用，后来在研究藻类对养分的需求时发现，在培养液中的生长最适磷浓度总是比天然水中的要高一些，开始认为是由于天然水中具有某些未知的有机生长因子导致的。近年来，利用示踪原子技术发现水中有机磷可以不断转化成磷酸盐。溶解无机磷对藻类生长的促进作用并不是主要的，而磷元素的循环速度和颗粒磷同溶解磷之间的交换才是最主要的。水体中大部分磷元素始终是以结合颗粒磷或有机磷的形式存在的，因此用总磷含量代替磷酸盐含量来表示水体的肥度是比较科学的。

樊甜甜等（2019）于 2011 年 4 月在辽宁省太子河流域上游、中游和下游三个地区的 38 个采样站位进行了调查（见图 3-2）。结果表明，该调查流域 TP 含量的变化范围为 0.11~1.44 mg/L，平均值为 0.15 mg/L。

李丽娟等（2019）于 2012 年对太子河流域的 42 个采样点进行监测（见图 3-5）。调查结果显示，该水域 TP 含量的变化范围为 0.01~1.33 mg/L，平均值为 0.15 mg/L。

王琼等（2017）于 2014 年 6 月 12 日至 7 月 18 日期间，在太子河流域内选取了 46 个采样点位进行调查（见图 3-3）。调查结果显示，TP 含量变化范围在 0.015~3.004 mg/L 之间，平均值为 0.193 mg/L。国际公认的 TP 富营养化阈值为 0.02 mg/L，调查的大部分站位 TP 含量都超过了富营养化阈值。

于英潭等（2020）于 2017 年对太子河本溪城区段干流、水库出入口以及个别支流进行调查（见

图 3-6）。结果显示，该水域的 $NH_3\text{-}N$ 含量变化范围为 0.013~0.070 mg/L，平均值为 0.040 mg/L。

本次调查中，各采样站位 TP 含量的分布情况如图 3-10 所示，变化范围为 0.001~0.135 mg/L，平均值为 0.039 mg/L。最高值出现在 9 月的肖夹河采样站位，最低值出现在 5 月的西沙坨子采样站位。各调查月份 TP 含量平均值由高到低的顺序为 9 月（0.091 mg/L）、2 月（0.062 mg/L）、8 月（0.059 mg/L）、7 月（0.041 mg/L）、10 月（0.034 mg/L）、3 月（0.033 mg/L）和 12 月（0.033 mg/L）、4 月（0.025 mg/L）、11 月（0.02 mg/L）、6 月（0.018 mg/L）、5 月（0.009 mg/L）。各采样站位 TP 含量平均值由高到低的顺序为肖夹河（0.054 mg/L）、西沙坨子（0.039 mg/L）、中华大桥（0.037 mg/L）、下王家（0.033 mg/L）、前沙坨子（0.029 mg/L）。根据表 1-1，各调查月份 TP 平均含量处于 I ~ IV 类水质，各采样站位 TP 平均含量处于 III ~ IV 类水质。

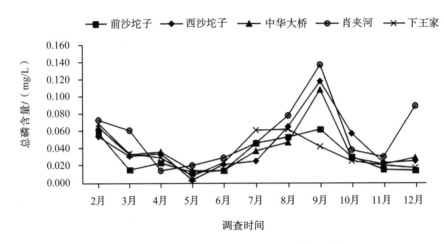

图 3-10　太子河辽阳城区段总磷含量的分布状况

七、高锰酸钾指数（COD$_{Mn}$）

高锰酸钾指数（COD$_{Mn}$）是指在一定条件下，用强氧化剂高锰酸钾处理水样时所消耗氧化剂的量，可以反映水样中有机污染物的存在量及受有机污染物污染的程度。其数值越大，说明水体污染程度越严重。

樊甜甜等（2019）于 2011 年 4 月在辽宁省太子河流域上游、中游和下游三个地区的 38 个采样站位进行了调查（见图 3-2）。结果表明，该调查流域 COD$_{Mn}$ 的变化范围为 0.36~7.36 mg/L，平均值为 1.69 mg/L。

李丽娟等（2019）于 2012 年对太子河流域的 42 个采样点进行监测（见图 3-5）。调查结果显示，该水域 COD$_{Mn}$ 含量的变化范围为 0.36~7.08 mg/L，平均值为 1.24 mg/L。

于英潭等（2020）于 2017 年对太子河本溪城区段干流、水库出入口以及个别支流进行调查（见图 3-6）。结果显示，该水域的 COD$_{Mn}$ 含量变化范围为 1.27~5.38 mg/L，平均值为 1.93 mg/L。

本次调查中，各采样站位 COD$_{Mn}$ 含量的分布情况如图 3-11 所示，变化范围为 1.05~6.61 mg/L，平均值为 3.68 mg/L。最高值出现在 4 月的西沙坨子采样站位，最低值出现在 3 月的肖夹河采样站位。各调查月份 COD$_{Mn}$ 平均值由高到低的顺序为 10 月（5.85 mg/L）、9 月（5.17 mg/L）、11 月（4.90 mg/L）、4 月（4.53 mg/L）、8 月（4.38 mg/L）、7 月（3.71 mg/L）、5 月（3.35 mg/L）、

6月（3.00 mg/L）、12月（2.60 mg/L）、3月（1.57 mg/L）、2月（1.37 mg/L）。各采样站位 COD$_{Mn}$ 含量平均值由高到低的顺序为前沙坨子（3.77 mg/L）、西沙坨子（3.73 mg/L）、下王家（3.69 mg/L）、肖夹河（3.63 mg/L）、中华大桥（3.56 mg/L）。根据表 1-1，各调查月份和各采样站位 COD$_{Mn}$ 含量平均值为Ⅱ类、Ⅲ类水质。

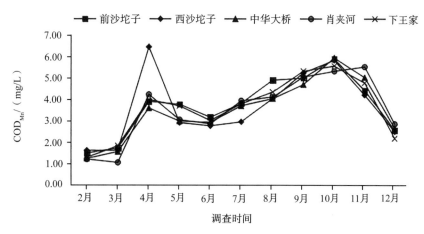

图 3-11　太子河辽阳城区段 COD$_{Mn}$ 的分布状况

第二节　浮游生物种群特征

一、浮游植物种类分布

李庆南等（2011）于 2009 年 5 月和 8 月对辽河太子河水系干流及主要支流设置的 66 个采样点进行浮游植物调查研究（见图 3-12）。两次调查中共采集到浮游植物 195 种，其中硅藻门种类最多，共鉴定出 97 种；绿藻门次之，共鉴定出 55 种；蓝藻门居第 3 位，共鉴定出 25 种；其他各门种类为 18 种。主要优势种为硅藻门的颗粒直链藻最窄变种（*Melosira granulata* var. *angustissima*）、具星小环藻（*Cyclotella stelligera*）、偏肿桥弯藻（*Cymbella ventricosa*）、舟形藻（*Navicula* sp.）、缢缩异极藻（*Gomphonema constrictum*）、脆杆藻（*Fragilaria* sp.）、针杆藻（*Synedra* sp.）、扁圆卵形藻（*Cocconeis placentula*），绿藻门的栅藻（*Scenedesmus* sp.）、小球藻（*Chlorella* sp.）、衣藻（*Chlamydomonas* sp.）、镰形纤维藻奇异变种（*Ankistrodesmus flacatus* var.

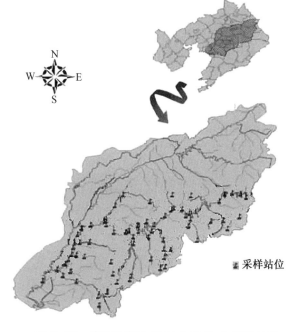

图 3-12　李庆南等（2011）2009 年调查站位

mirabilis）、河生集星藻（*Actinastrum fluviatile*），蓝藻门的巨颤藻（*Oscillatoria princeps*）、优美平裂藻（*Merismopedia sineca*）和细浮鞘丝藻（*Planktolyngbya subtilis*），隐藻门的尖尾蓝隐藻（*Chroomona acuta*）、啮蚀隐藻（*Cryptomona erosa*）以及裸藻门的绿裸藻（*Euglena viridis*）。

2010年9月至2011年9月，王宏伟等（2013）通过对太子河流域12条干流、5条支流各站点藻类植物的检测（图3-13），共鉴定出藻类植物8门120属328种（包括21变种），分属于硅藻门、绿藻门、蓝藻门、甲藻门、裸藻门、金藻门、黄藻门、隐藻门。藻类群落的主体是硅藻，有36属144种，占43.90%；其次是绿藻，有49属117种，占35.67%；蓝藻有22属38种，占11.58%；甲藻有4属6种，占1.81%；裸藻有3属11种，占3.35%；金藻有3属5种，占1.52%；黄藻有2属4种，占1.22%；隐藻最少，只有1属3种，占0.91%。检测出优势种为巨颤藻（*Oscillatoria princeps*）、小颤藻（*O. tenuis*）、美丽颤藻（*O. formosa*）、链丝藻（*Hormidium flaccidum*）、细链丝藻（*H. subtile*）、环丝藻（*Ulothrix zonata*）、偏肿桥弯藻、扁圆舟形藻（*Navicula placentula*）、简单舟形藻（*N. simplex*）、英吉利舟形藻（*N. anglica*）、双头菱形藻（*Nitzschia amphibia*）、池生毛枝藻（*Stigeoclonium stagnatile*）、偏生毛枝藻（*S. subsecundum*）、普通水绵（*Spirogyra communis*）、美貌水绵（*S. pulchrifigurata*）、普通等片藻（*Diatoma vulgare*）、变异直链藻（*Melosira varians*）、螺旋鞘丝藻（*Lyngbya contarta*）、尺骨针杆藻（*Synedra ulna*）、窗格平板藻（*Tabellaria fenestrata*）、维利微孢藻（*Microspora willeana*）、小型黄丝藻（*Tribonema minus*）。

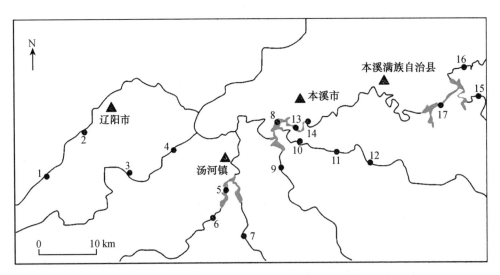

图3-13 王宏伟等（2013）2010—2011年调查站位

本次调查中，太子河辽阳城区段共采集到浮游植物7门53属110种（以丰度>1×10³个/L计，下同）。其中包括10个变种，12个种类鉴定到属（见表3-1）。检出种类中有硅藻门59种，占53.6%；绿藻门32种，占29.1%；蓝藻门8种，占7.3%；甲藻门4种，占3.6%；隐藻门和裸藻门各3种，分别占2.7%；金藻门1种，占0.9%。各调查月份浮游植物种类数由多到少的顺序为8月（52种）、9月（48种）、3月和7月（41种）、10月（39种）、11月（36种）、6月（30种）、5月（29种）、4月（28种）、12月（22种）、2月（16种）。所有检出藻类中显喙舟形藻（*Navicula perrostrata*）出现频率最高，在调查的11个月份中均形成了丰度大于1×10³个/L的浮游种群。此外，颗粒直链藻最窄变种、变异直链藻、链形小环藻（*Cyclotella catenata*）、尖针杆藻（*Synedra acus*）、尖针杆藻极狭变种（*S. acus* var. *angustissima*）、扁圆卵形藻多孔变种（*Cocconeis placentula* var. *euglypta*）、偏肿桥弯藻、菱形藻（*Nitzschia* sp.）出现频率也非常高，至少在 9 个以上调查月份形成了丰度大于 1×10^3 个 /L 的浮游种群。主要优势种为史氏棒胶藻（*Rhabdogloea smithii*）、卵形隐藻（*Cryptomonas ovate*）、颗粒直链藻最窄变种、变异直链藻、小环藻（*Cyclotella* sp.）、尖针杆藻极狭变种、克洛脆杆藻、普通等片藻、扁圆卵形藻多孔变种、显喙舟形藻、偏肿桥弯藻、谷皮菱形藻（*Nitzschia palea*）。

表 3-1　浮游植物种类分布

种类		拉丁名	调查时间										
			2月	3月	4月	5月	6月	7月	8月	9月	10月	11月	12月
蓝藻门	束缚色球藻	*Chroococcus tenax*						+					
	史氏棒胶藻	*Rhabdogloea smithii*			+	+	+		+	+	+	+	
	中华尖头藻	*Raphidiopsis sinensia*									+		
	依沙束丝藻	*Aphanizomenon issatschenkoi*						+					
	伪鱼腥藻	*Pseudoanabaena* sp.						+	+		+	+	
	类颤藻鱼腥藻	*Anabaena osicellariordes*							+				
	颤藻	*Oscillatoria* sp.							+				
	泥污颤藻	*O. limosa*	+	+	+								
隐藻门	尖尾蓝隐藻	*Chroomonas acuta*			+					+	+	+	+
	啮蚀隐藻	*C. erosa*				+			+		+		
	卵形隐藻	*C. ovata*	+	+	+		+	+	+				
甲藻门	钟形裸甲藻	*Gymnodinium mitratum*			+								
	多甲藻	*Peridinium* sp.				+		+					
	佩纳多甲藻	*P. penardiforme*								+			
	角甲藻	*Ceratium hirundinella*					+	+	+	+	+		
金藻门	分歧锥囊藻	*Dinobryon divergens*			+	+							
硅藻门	颗粒直链藻	*Melosira granulata*			+	+	+	+	+	+	+	+	
	颗粒直链藻最窄变种	*M. granulata* var. *angustissima*			+		+	+	+	+	+	+	+
	颗粒直链藻螺旋变种	*Melosira granulata* var. *spiralis*							+	+	+		
	变异直链藻	*M. varians*	+	+		+		+			+		+

续表

种类		拉丁名	调查时间										
			2月	3月	4月	5月	6月	7月	8月	9月	10月	11月	12月
硅藻门	小环藻	Cyclotella sp.			+	+	+	+	+	+	+	+	+
	链形小环藻	C. catenata		+									
	梅尼小环藻	C. meneghiniana							+	+		+	+
	星肋小环藻	C. aslerocastata						+	+				
	圆筛藻	Coscinodiscus sp.							+				
	美丽星杆藻	Asterionella formosa			+		+		+			+	
	针杆藻	Synedra sp.			+		+			+			+
	尖针杆藻极狭变种	S. acus var. angustissima			+	+	+	+	+	+	+		+
	尖针杆藻	S. acus	+	+	+		+	+	+	+			+
	肘状针杆藻	S. ulna							+				
	肘状针杆藻缢缩变种	S. ulna var. constracta							+				
	肘状针杆藻窄变种	S. ulna var. contracta							+				
	菱头针杆藻	S. capitata									+		
	脆杆藻	Fragilaria sp.			+	+	+		+				
	钝脆杆藻	F. capucina			+		+	+		+			+
	克洛脆杆藻	F. crotonensis			+		+	+	+	+	+		
	普通等片藻	Diatoma vulagare			+		+		+	+	+	+	+
	长等片藻	D. elongatum	+	+	+	+				+		+	+
	扁圆卵形藻	Cocconeis placentula					+	+	+				
	扁圆卵形藻多孔变种	C. placentula var. euglypta			+	+	+	+	+	+	+		
	舟形藻	Navicula sp.	+	+	+	+	+	+	+	+	+	+	+
	尖头舟形藻	N. cuspidata				+			+	+			
	显喙舟形藻	N. perrostrata	+	+	+	+	+	+	+	+	+	+	+
	扁圆舟形藻	N. placentula			+						+	+	
	双球舟形藻	N. amphibola			+							+	
	双头舟形藻	N. dicephala								+			+

续表

种类	拉丁名	调查时间										
		2月	3月	4月	5月	6月	7月	8月	9月	10月	11月	12月
微绿舟形藻	*N. viridula*											+
放射舟形藻	*N. radiosa*			+				+		+	+	
卵圆双壁藻	*Diploneis ovalis*								+			
偏肿桥弯藻	*Cymbella ventricosa*	+	+	+	+	+	+	+	+		+	+
埃伦桥弯藻	*C. ehrenbergii*		+									
近缘桥弯藻	*C. affinis*	+	+	+			+		+	+		
膨胀桥弯藻	*C. tumida*			+		+		+				
箱形桥弯藻	*C. cistula*									+		
弯形弯楔藻	*Rhoicosphenia curata*									+		
卵圆双眉藻	*Amphora ovalis*							+				
微细异极藻	*Gomphonema parva*			+	+		+	+	+		+	+
双头异极藻	*G. biceps*		+	+								
缢缩异极藻	*G. constrictum*	+	+									
缢缩异极藻头状变种	*G. constrictum* var. *capitata*								+		+	
中间异极藻	*G. intricatum*						+					
纤细异极藻	*G. gracilis*			+							+	
菱形藻	*Nitzschia* sp.	+	+	+		+	+	+	+	+	+	+
谷皮菱形藻	*N. palea*		+	+	+	+	+	+	+	+	+	+
针形菱形藻	*N. acicularis*			+			+		+	+	+	
近线形菱形藻	*N. sublinearis*			+	+	+		+	+	+		
尖菱形藻	*N. acula*	+	+				+	+				+
端毛双菱藻	*Surirella capronii*	+				+		+	+	+		
二列双菱藻	*S. biseriata*										+	
椭圆波缘藻	*Cymatopleura elliptica*						+	+		+		
草鞋形波缘藻	*C. solea*	+					+	+		+		
曲壳藻	*Achnanthes* sp.			+		+		+		+		
弯棒杆藻	*Rhopalodia gibba*									+		
细布纹藻	*Gyrosigma kützingii*							+				
锉刀布纹藻	*Gyrosigma scalproides*									+		

硅藻门

续表

种类		拉丁名	调查时间										
			2月	3月	4月	5月	6月	7月	8月	9月	10月	11月	12月
裸藻门	细粒囊裸藻	*Trachelomonas granulosa*							+				
	尾裸藻	*Euglena caudata*		+	+								+
	尖尾裸藻	*E. oxyuris*								+			
绿藻门	衣藻	*Chlamydomonas* sp.		+	+	+	+			+	+		
	小球藻	*Chlorella vulgaris*								+			
	空球藻	*Eudorina elegans*						+					
	小空星藻	*Coelastrum microporum*						+					
	四刺顶棘藻	*Chodatella quadriseta*		+	+		+			+			
	单棘四星藻	*Tetrastrum hastiferum*				+							
	微小四角藻	*Tetraëdron minimum*								+			
	多芒藻	*Golenkinia radiata*								+			
	小形月牙藻	*Selenastrum minutum*								+			
	针形纤维藻	*Ankistrodesmus acicularis*	+	+	+				+		+	+	
	镰形纤维藻	*A. falcatus*								+	+	+	
	螺旋形纤维藻	*A. spiralis*	+	+								+	+
	集星藻	*Actinastrum hantzschii*							+	+			
	四尾栅藻	*Scenedesmus quadricauda*					+		+				
	二形栅藻	*S. dimorphus*				+	+						
	奥波莱栅藻	*S. opoliensis*							+				
	斜生栅藻	*S. obliquus*				+							
	齿牙栅藻	*S. denticulatus*							+				
	多棘栅藻	*S. spinosus*		+			+						
	卵形盘星藻	*Pediastrum ovatum*							+	+	+	+	
	单角盘星藻具孔变种	*P. simplex* var. *duodenarium*					+	+	+	+	+	+	
	单角盘星藻对突变种	*P. simplex* var. *biwae*							+		+		
	二角盘星藻纤细变种	*P. duplex* var. *gracillimum*						+	+	+			

种类	拉丁名	调查时间										
		2月	3月	4月	5月	6月	7月	8月	9月	10月	11月	12月
绿藻门 二角盘星藻网状变种	*P. duplex* var. *recurvatum*						+					
二角盘星藻山西变种	*P. duplex* var. *shanxiensis*						+					
短棘盘星藻	*P. boryanum*						+		+			
整齐盘星藻	*P. integrum*								+			
铜钱十字藻	*Crucigenia fenestrata*										+	
项圈新月藻	*Closterium moniliforum*				+	+	+	+				
中型新月藻	*C. intermedium*										+	
纤细角星鼓藻	*Staurastrum gracile*						+	+	+			
转板藻	*Mougeotia* sp.						+					

注："+"表示该种类被采集到，且丰度大于 10^3 个 /L。

二、浮游植物丰度分布

李庆南等（2011）于 2009 年 5 月和 8 月对辽河太子河水系干流及主要支流设置的 66 个采样点进行浮游植物调查研究（见图 3-12）。结果显示，5 月太子河浮游植物的细胞丰度最高值出现在海城河下游，为 3.51×10^7 个 /L；最低值为 1.05×10^5 个 /L，所有采样站位平均值为 4.18×10^6 个 /L。8 月太子河流域浮游植物细胞丰度变化范围为 1.32×10^4~2.53×10^7 个 /L，平均丰度为 2.79×10^6 个 /L。

2010 年 9 月至 2011 年 9 月，王宏伟等（2013）对太子河流域 12 条干流、5 条支流各站点的浮游植物进行检测（见图 3-13）。结果显示，太子河流域藻类植物平均丰度自 2011 年 3 月的 1.36×10^7 个 /L 增长到 2011 年 6 月的 6.80×10^7 个 /L，达到最高值，到 2011 年 9 月略有下降，为 3.29×10^7 个 /L。2010 年 9 月太子河流域藻类植物的平均丰度远远高于 2011 年 9 月，甚至与 2011 年 6 月的平均丰度值相近，达到了 6.61×10^7 个 /L。

本次调查中，太子河辽阳城区段各监测站位浮游植物丰度随时间的变化情况如图 3-14 所示，最高值出现在 4 月的西沙坨子采样站位，为 2.68×10^6 个 /L；最低值出现在 8 月的中华大桥采样站位，为 4.70×10^4 个 /L；总平均值为 5.35×10^5 个 /L。各调查月份浮游植物丰度平均值由高到低的顺序为 4 月（9.65×10^5 个 /L）、7 月（8.20×10^5 个 /L）、6 月（7.81×10^5 个 /L）、3 月（5.57×10^5 个 /L）、9 月（5.43×10^5 个 /L）、11 月（4.98×10^5 个 /L）、12 月（4.76×10^5 个 /L）、5 月（4.19×10^5 个 /L）、2 月（3.33×10^5 个 /L）、8 月（2.85×10^5 个 /L）、10 月（2.11×10^5 个 /L）。各监测

站位浮游植物丰度平均值由高到低的顺序为西沙坨子（6.87×10⁵个/L）、肖夹河（5.97×10⁵个/L）、下王家（5.18×10⁵个/L）、前沙坨子（4.87×10⁵个/L）、中华大桥（3.88×10⁵个/L）。根据表1-1，各调查月份浮游植物平均丰度处于贫营养状态，各监测站位浮游植物平均丰度处于贫营养状态。

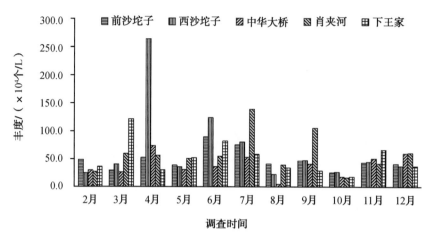

图 3-14　太子河辽阳城区段浮游植物丰度分布

三、浮游动物种类分布

关于太子河流域浮游动物调查之前很少有人做过。本次调查中，太子河辽阳城区段共采集到浮游动物4门25属36种（以丰度>1个/L计，不计幼体，以下同），其中包括1个鉴定到属的种类（表3-2）。检出种类中有轮虫类23种，占种类总数的63.9%；原生动物7种，占19.4%；枝角类和桡足类各3种，分别占8.3%。各调查月份浮游动物种类数由多到少的顺序为4月（16种）、5月（13种）、2月（10种）、6月和12月（9种）、9月和11月（8种）、3月和7月（7种）、10月（4种）、8月（2种）。

表 3-2　浮游动物种类分布

种类		拉丁名	调查时间										
			2月	3月	4月	5月	6月	7月	8月	9月	10月	11月	12月
原生动物	瓶累枝虫	*Epistylis urceolata*	+		+							+	
	草履虫	*Paramecium* sp.										+	
	瘤棘砂壳虫	*Difflugia trberspinifera*						+					
	球形砂壳虫	*D. globulasa*									+	+	
	盘状匣壳虫	*Centropyxis discoides*								+	+	+	
	中华拟铃壳虫	*Tintinnopsis sinensis*			+								
	恩茨拟铃壳虫	*T. entzii*					+	+					

续表

种类	拉丁名	调查时间										
		2月	3月	4月	5月	6月	7月	8月	9月	10月	11月	12月
椎尾水轮虫	*Epiphanes senta*	+										
真足哈林轮虫	*Harringia eupoda*			+								
尖尾疣毛轮虫	*Synchaeta stylata*			+					+		+	
前节晶囊轮虫	*Asplanchna priodonta*	+		+							+	
截头皱甲轮虫	*Ploesoma truncatum*						+					
大肚须足轮虫	*Euchlanis dilatata*				+	+	+					+
长足轮虫	*Rotaria neptunia*	+	+	+	+	+			+		+	+
唇形叶轮虫	*Notholca labis*	+	+	+								+
等刺异尾轮虫	*Trichocerca similis*				+		+	+				
圆筒异尾轮虫	*T. cylindrica*								+			
罗氏异尾轮虫	*T. rousseleti*								+			
方块鬼轮虫	*T. tetractis*			+	+						+	
长肢多肢轮虫	*Polyarthra dolichoptera*											+
针簇多肢轮虫	*P. trigla*	+		+	+							
长三肢轮虫	*Filinia longiseta*			+								
迈氏三肢轮虫	*F. maior*			+	+							
裂足臂尾轮虫	*Brachionus diversicornis*					+						
萼花臂尾轮虫	*B. calyciflorus*			+								
壶状臂尾轮虫	*B. urceus*	+	+			+						
角突臂尾轮虫	*B. angularis*			+	+	+						
螺形龟甲轮虫	*Keratella cochlearis*	+	+	+	+	+	+		+	+	+	+
矩形龟甲轮虫	*K. quadrata*	+	+	+	+					+		
曲腿龟甲轮虫	*K. valga*					+	+					
长额象鼻溞	*Bosmina longirostris*		+		+				+			+
僧帽溞	*Daphnia cucullata*	+			+							+
圆形盘肠溞	*Chydorus sphaericus*			+	+							

其中左侧合并列：轮虫类（椎尾水轮虫至曲腿龟甲轮虫），枝角类（长额象鼻溞至圆形盘肠溞）

续表

种类		拉丁名	调查时间										
			2月	3月	4月	5月	6月	7月	8月	9月	10月	11月	12月
	无节幼体	*Nauplius*	+	+	+	+	+	+		+	+	+	+
桡足类	汤匙华哲水蚤	*Sinocalanum dorrii*										+	+
	广布中剑水蚤	*Mesocyclops leuckarti*		+		+							+
	近邻剑水蚤	*Cyclops vicinus*					+						

注："+"表示该种类被采集到，且丰度大于1个/L。

四、浮游动物丰度分布

本次调查中，太子河辽阳城区段各监测站位浮游动物丰度随时间的变化情况如图3-15所示，最高值出现在4月的下王家采样站位，为280.0个/L；最低值出现在9月的西沙坨子采样站位，为1.0个/L；总平均值为33.5个/L。各调查月份浮游动物丰度平均值由高到低的顺序为4月（92.4个/L）、6月（92.2个/L）、5月（57.4个/L）、8月（25.6个/L）、2月（24.9个/L）、12月（24.4个/L）、7月（13.6个/L）、3月（12.8个/L）、9月（11.8个/L）、11月（7.2个/L）、10月（6.0个/L）。各监测站位浮游动物丰度平均值由高到低的顺序为下王家（49.6个/L）、前沙坨子（36.0个/L）、中华大桥（35.9个/L）、肖夹河（23.3个/L）、西沙坨子（22.5个/L）。

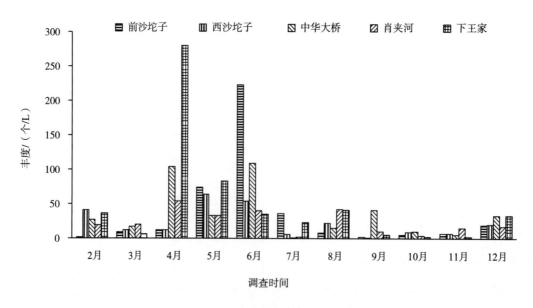

图3-15 太子河辽阳城区段浮游动物丰度分布

第三节　水质及生态现状评价

一、藻类优势种评价法

不同营养状态的水体中存在不同的生物种类，特别是在优势种方面差异明显。以与富营养化关系最密切的浮游植物来说，不同门的种类适应生存于不同营养类型的水体。一般认为，金藻门种类的大量出现表示水体为贫营养状态，隐藻门代表贫中营养状态，甲藻门代表中营养状态，硅藻门代表中富营养状态，硅藻门和绿藻门代表富营养状态，蓝藻门和绿藻门代表极富营养状态。本研究中主要优势种有显喙舟形藻、颗粒直链藻最窄变种、变异直链藻、链形小环藻、尖针杆藻、尖针杆藻极狭变种、普通等片藻、长等片藻、扁圆卵形藻多孔变种、偏肿桥弯藻、菱形藻，都属于硅藻门，由此判断该水域属于中营养水体。很多种硅藻可以固着生长，较重的硅壳也非常适应流水水体，而其他门种类较适应静水水体。例如，隐藻、甲藻和裸藻等具鞭毛种类喜在静水中游动；绿藻因自身比重小，吃水面积大，喜在静水中漂浮。本研究水域水体流速较大，因此硅藻成为优势种并不能完全说明水体的营养状态，还需结合其他评价方法综合判断。

浮游动物以河流初级生产者浮游植物为饵料，是河流生态系统的次级生产者，可以在一定程度上反映水体的水质状况。轮虫类和枝角类的生长都较为迅速，枝角类群落结构更多地受到下行效应的影响，而轮虫类更多地受到上行效应影响，对水体理化环境变化响应迅速，因此许多研究都倾向于以轮虫类作为指示种去指示水体的变化。一般在浮游动物对水质污染和富营养化的指示功能方面，将臂尾轮虫属（*Brachionus*）、异尾轮虫属（*Trichocerca*）、螺形龟甲轮虫等几种浮游动物作为水体富营养化的标志。例如，角突臂尾轮虫、曲腿龟甲轮虫、迈氏三肢轮虫等一般出现在中污性水体中。根据本次研究可知，长足轮虫、尖尾疣毛轮虫、萼花臂尾轮虫、角突臂尾轮虫、裂足臂尾轮虫、螺形龟甲轮虫、曲腿龟甲轮虫出现的丰度较大，由此判断太子河辽阳城区段水体处于中污染状态。

二、污染指示种评价法

指示藻类是指对环境某些物质（包括进入环境中的污染物质）能产生各种反应信息的藻类。通过这些藻类可以了解环境质量的现状和变化。用藻类作为水体污染指示的方法很早就受到人们的重视。当水体受到某种污染后，藻的种类数目会大量减小，有时仅剩下对该污染物产生耐受力的种类。藻类学者根据藻类对不同污染程度的耐受量进行分类，阐述了一个用生物指示水质污染程度的系统，称为污水生物系统。此系统把水体污染程度分为四个带：

多污带（ps），此带的化学过程是还原和分解作用，溶解氧无或极少，化学需氧量很高，有强烈的硫化氢气味，有大量高分子有机物，往往有黑色硫化铁存在，故常呈黑色。细菌大量存在，所有动物均能忍耐 pH 的急剧变化。耐低溶解氧的厌氧生物对硫化氢等毒性有强烈的抗性。没有硅藻、绿藻、接合藻及高等植物。

α 中污带（ams），水和底泥中出现氧化作用，溶解氧较少，化学需氧量高，硫化氢气味消失，高分子有机物分解产生铵盐。硫化铁氧化成氧化铁，故不呈黑色。细菌很多，浮游动物组成以摄食细菌的种类占优势，同时还存在肉食性动物，这些动物一般对溶解氧和pH变化有高度的适应性，且能耐受氨，对硫化氢耐性弱。藻类大量出现，有蓝藻、绿藻、接合藻和硅藻。

β中污带（βms），氧化作用较强，溶解氧较多，化学需氧量低，硫化氢气味消失，细菌数量较少，浮游动物对溶解氧及pH变化适应性差，对硫化氢无长时间耐受性。出现硅藻、绿藻、接合藻等种类，此带为鼓藻主要分布区。

寡污带（os），氧化作用达到完成阶段，溶解氧含量很高，化学需氧量低，无硫化氢，有机物全部被分解，细菌少，浮游动物对溶解氧和pH的变化适应性很差，对硫化氢等腐败性毒物耐受性极差。水体中浮游植物种类多。

本次研究中，出现了许多中污带污染指示种，具体有泥污颤藻、尖尾蓝隐藻、啮蚀隐藻、卵形隐藻、梅尼小环藻、美丽星杆藻、尖针杆藻、肘状针杆藻、钝脆杆藻、克洛脆杆藻、普通等片藻、扁圆卵形藻、尖头舟形藻、放射舟形藻、卵圆双壁藻、近缘桥弯藻、缢缩异极藻、谷皮菱形藻、针形菱形藻、端毛双菱藻、椭圆波缘藻、草鞋形波缘藻、尾裸藻、尖尾裸藻、衣藻、空球藻、小空星藻、四刺顶棘藻、单棘四星藻、针形纤维藻、镰形纤维藻、集星藻、四尾栅藻、斜生栅藻、二角盘星藻纤细变种、二角盘星藻网状变种、短棘盘星藻等。该河段藻类组成中并不是仅具有上述种类，因此并不能认为该河段处于中污染带，但一定程度上反映了该河段受到了有机物污染。

三、生物多样性指数评价法

生物多样性指数是用于表示多种生物所组成的生物群落中，物种个体数量和种类之间关系的一种指数。一般情况下，各种水生生物的数量均维持在相对稳定状态，一旦发生富营养化，浮游植物中的某些种类因得到充足的氮、磷等营养物质而大量繁殖，而其他种类数量则相对明显减少。因此，可以用浮游植物的多样性指数作为判定水体营养状况的依据。一般以香农－威纳多样性指数（Shannon-Wiener index）应用最为广泛，其计算公式为

$$H' = -\sum \frac{n_i}{N} \cdot \log_2 \frac{n_i}{N}$$

式中，N为采集样品中所有物种的总个体数，n_i为物种i的个体数。根据章宗涉等（2000）多名学者研究结果，当$0<H'\leq1$时，水体为重污染富营养型，$1<H'\leq2$时为中污染中营养型，$2<H'\leq3$，为轻污染中营养型；$H'>3$时为清洁贫营养型。本调查研究中各监测站位浮游植物香农－威纳多样性指数由大到小的顺序为前沙坨子（2.87）、西沙坨子（2.79）、中华大桥（2.66）、下王家（2.54）、肖夹河（2.23），平均值为2.62。由此判断，该段水域处于轻污染中营养状态。

四、综合营养状态指数评价法

综合营养状态指数法是利用水体基本理化指标进行富营养化评价的常用方法。本书采用Carlson营养状态指数法以chl-a作为基准参数，与SD、TP、TN、COD$_{Mn}$这5个参数对营养状态指数进行综合评价。其公式为

$$TLI(\textstyle\sum) = \sum_{j=1}^{m} W_j TLI_j \qquad W_j = \frac{r_{ij}^2}{\sum\limits_{i=1}^{m} r_{ij}^2}$$

式中，TLI_j 代表第 j 种参数的营养状态指数，W_j 为第 j 种参数的营养状态指数的相关权重，r_{ij} 为第 j 种参数与基准参数 chl-a 的相关系数，m 为评价参数的个数。

营养状态指数计算公式为

$$TLI（chl\text{-}a）=10（2.5+1.086\,lnchl）$$

$$TLI（TP）=10（9.436+1.624\,lnTP）$$

$$TLI（TN）=10（5.453+1.694\,lnTN）$$

$$TLI（SD）=10（5.118-1.94\,lnSD）$$

$$TLI（COD_{Mn}）=10（0.109+2.661\,lnCOD_{Mn}）$$

式中，叶绿素 a 单位为 mg/m^3，透明度 SD 单位为 m，其他指标单位均为 mg/L。

根据金相灿等（1990）多名学者研究，当 TLI($\sum$)<30，水体属贫营养型，当 30≤TLI($\sum$)≤50 时，水体属中营养型；当 50<TLI($\sum$)≤60 时，水体属轻度富营养型；当 60<TLI($\sum$)≤70 时，水体属中度富营养型；当 70<TLI($\sum$)≤100，水体属重度富营养型。本调查研究中，各监测站位综合营养状态指数如表 3-3 所示，变化范围为 42.59~52.50，平均值为 46.93。由此判断，该调查水域为中营养型。

表 3-3　各采样站位的综合营养状态指数

时间	调查站位					平均值
	前沙坨子	西沙坨子	中华大桥	肖夹河	下王家	
2 月	42.59	45.08	45.53	43.84	45.84	44.58
3 月	46.01	46.46	46.38	46.57	47.66	46.62
4 月	45.60	51.79	46.54	46.33	48.01	47.66
5 月	45.51	41.71	45.27	46.16	44.75	44.68
6 月	46.92	47.38	45.24	45.69	47.57	46.56
7 月	48.80	46.89	47.25	47.42	47.59	47.59
8 月	48.90	48.62	48.81	52.50	48.37	49.44
9 月	50.03	52.26	50.81	50.35	50.14	50.72
10 月	45.98	46.35	46.38	43.93	45.62	45.65
11 月	47.97	47.81	48.31	46.00	46.29	47.28
12 月	45.17	45.53	46.54	46.85	43.35	45.49
平均值	46.68	47.26	47.01	46.88	46.84	46.93

通过以上对太子河辽阳城区段浮游植物丰度、藻类优势种、污染指示种、生物多样性指数、综合营养状态指数的调查分析，我们了解到该段河流水质处于中营养状态并受到了一定程度的污染，尤其是总氮、总磷含量比较高，总体处于Ⅲ～Ⅳ类水质标准。污染来源主要是居民生活污水和工业废水的排放、农田中残留化肥及农药经过雨水冲刷随地表径流的进入等。建议有关部门加强管理措施，建设更多的农村生活污水处理设施；加强相关工矿企业污染的治理；增加与公安、环保等部门的配合，严惩不法行为；加强对新开发建设项目企业的管理，制止新污染源的流入；制定相应的政策，鼓励农民多使用农家肥和节水灌溉；加强山区水土保持的管理，严禁滥采滥伐。相信通过以上的措施，一定会使该河段的生态环境得到进一步提升，生态系统的平衡得到进一步加强，生物多样性得到进一步恢复。

参考文献

樊甜甜，杨柏贺，2019.太子河流域春季着生藻群落与水环境因子的关系［J］.水产学杂志，32（2）：44-48.

黄祥飞，陈伟民，蔡启铭，2000.湖泊生态调查观测与分析［M］.北京：中国标准出版社.

金相灿，屠清瑛，等，1990.湖泊富营养化调查规范［M］.2版.北京：中国环境科学出版社.

况琪军，马沛明，胡征宇，等，2005.湖泊富营养化的藻类生物学评价与治理研究进展［J］.安全与环境学报，5（2）：87-91.

李丽娟，崇祥玉，盛楚涵，等，2019.太子河大型底栖动物摄食功能群对河岸带土地利用类型的响应.生态学报，39（22）：8667-8674.

李庆南，赵文殷，旭旺，等，2011.辽河太子河水系的浮游植物种类多样性研究.大连海洋大学学报，26（4）：322-327.

王宏伟，陈莹，张晓明，等，2013.辽河太子河流域藻类植物群落结构及其季节变化.湖泊科学，25（6）：936-942.

王琼，卢聪，范志平，等，2017.辽河流域太子河流域 N、P 和叶绿素 a 浓度空间分布及富营养化.湖泊科学，29（2）：297-307.

于英潭，王首鹏，刘琳，等，2020.太子河本溪城区段河流水生态系统健康评价.气象与环境学报，36（1）：89-95.

章宗涉，黄祥飞，1995.淡水浮游生物研究方法［M］.北京：科学出版社.

CARLSON R E，1977. A trophic state index for lakes［J］. Limology and Oceanogrophy，22（2）：361-369.

MARGALEF R，1958. Information theory in Ecology［J］. General Systems.（3）：36-71.